내일은

오키나와

*닉한*버방

내일은 오키나와

개정 2판 2쇄 · 2024년 1월 23일
정가 · 16800원

발행인 · 노시영
지은이 · 〈온 더 로드〉
기획 · 레오 안
지도 / 편집디자인 · 디아모
표지 일러스트 · 오리고모 노수연
syeon52@naver.com, Instagram . Origomo

펴낸 곳 · 도서출판 착한책방
출판사 등록일 · 2014년 12월 3일 (제 2014-000028호)
주소 · 경기도 고양시 일산동구 경의로 47
홈페이지 주소 · blog.naver.com/chakhanbooks
이메일 · chakhanbooks@naver.com

ISBN 979-11-955449-4-3 (세트)
ISBN 979-11-88063-58-1

착한책방 포스트

착한책방 블로그

66

여행이라는 말을 떠올리는 것만으로도
우리는 마음이 설렙니다.

여행자의 행복한 여행을 위해
많은 곳을 소개하기보다는 즐거운 곳을,
많은 정보를 담기보다는
꼭 필요한 정보만을 담았습니다.

여행자의 좋은 벗이 되기 위해
언제나 발걸음을 쉬지 않겠습니다.

우리는 언제나 낯선 길을 걷고 있다.
〈온 더 로드〉

99

가이드북 일러두기

첫 번째 '한눈에 보기'

여행지 소개 중 가장 먼저 나오는 '한 눈에 보기'는 여행하게 될 여러 장소의 위치와 장소에 대한 간략한 설명, 가는 방법 등을 보기 쉽게 요약해 놓은 페이지입니다. 여행하기 전 눈으로 익혀 두면 여행지를 이해하는데 많은 도움이 됩니다.

두 번째 '추천일정'

해당 지역을 여행하고자 하는 여행자들이 손쉽게 일정을 계획할 수 있도록 각각의 여행지를 3박 4일/5박 6일간의 베스트 추천일정과 대략의 예산을 소개하였습니다.

세 번째 '여행의 기술'

여행을 하기 전 알아두면 좋은 정보사이트나 여행지에서 사용하게 될 패스, 시내교통 정보 등을 상세히 알려주는 챕터입니다. '여행의 기술'에 나온 여러 정보들을 미리 알아두고 간다면 편안하고 알찬 여행이 될 것입니다.

네 번째 '볼거리 소개'

여행지의 볼거리와 맛집 등을 소개하는 챕터입니다. 명소의 특징을 이해하기 쉽도록 특징적인 아이콘을 이용해 구분하고 페이지마다 규칙적인 디자인을 적용해 여행자가 쉽고 빠르게 정보를 찾을 수 있도록 하였습니다.

 볼거리 식당 쇼핑 체험

지도 및 지도에 사용된 아이콘

여행자들의 편의를 고려해 가이드북의 특성에 맞는 맞춤형 지도로 제작하여 볼거리의 위치와 본문내용을 쉽게 연결하여 볼 수 있도록 지도와 본문 모두에 페이지와 위치를 동시 표기하였습니다. 또한 본문 하단에 17자리 구글맵 좌표와 함께 맵코드를 수록해 해당 장소의 위치를 빠르고 정확하게 찾을 수 있도록 하였습니다.

주요볼거리　JR　관광안내소　식당　카페/찻집　쇼핑　숙소　체험　마트　우체국　병원　경찰서

사철　노면전차　버스터미널　항구　자전거대여소　공원　박물관/미술관　사찰　신사　환전소　버스정류장

* 내일은 오키나와에 실린 정보는 2023년 9월 말을 기준으로 작성되었습니다만 현지 사정에 따라 변동이 될 수 있습니다. 잘못된 정보나 변동된 정보는 개정판에 반영해 더욱 알찬 가이드북을 만들도록 노력하겠습니다.
* 본문에 사용된 한자와 명칭은 외래어 표기법에 맞춰 수록하였습니다. 단, 발음은 현지에서의 편의를 고려해 외래어 표기법 기준이 아닌 일본어 발음에 가까운 표기를 사용하였습니다.

가이드북 최초로 명소별 QR 코드를 수록!

QR 코드 스캔과 동시에 해당 여행지나 음식점의 구글맵 페이지로 연결되어 길찾기는 물론 사진, 평점, 리뷰, 영업시간, 시간대별 붐빔 정도 등 구글맵의 정보를 실시간으로 찾아볼 수 있습니다.

또한 와이파이가 안되더라도 본문에 수록된 17자리 구글맵 좌표를 입력하면 해당 장소의 위치를 빠르고 정확하게 찾을 수 있습니다.

츄라우미 수족관

沖縄美ら海水族館

오키나와의 바다를 느끼다!

고우리대교
古宇利大橋

바다 위로 내달리다!

비세마을 후쿠기 가로수길

備瀬のフクギ並木通り

바람과 함께 걷는 여유로운 산책!

네오파크 오키나와
ネオパークオキナワ

가까이서 만나는 열대 동식물!

만쟈모 万座毛

바다로 간 코끼리와의 조우!

부세나 해중공원
ブセナ海中公園

바다가 좋아!

류큐무라
琉球村

오래전 류큐왕국을 만나다!

치넨미사키 공원
知念岬公園

드넓은 태평양과 마주하다!

石敢當

오키나와를 느끼다!

슈리성 공원 首里城公園

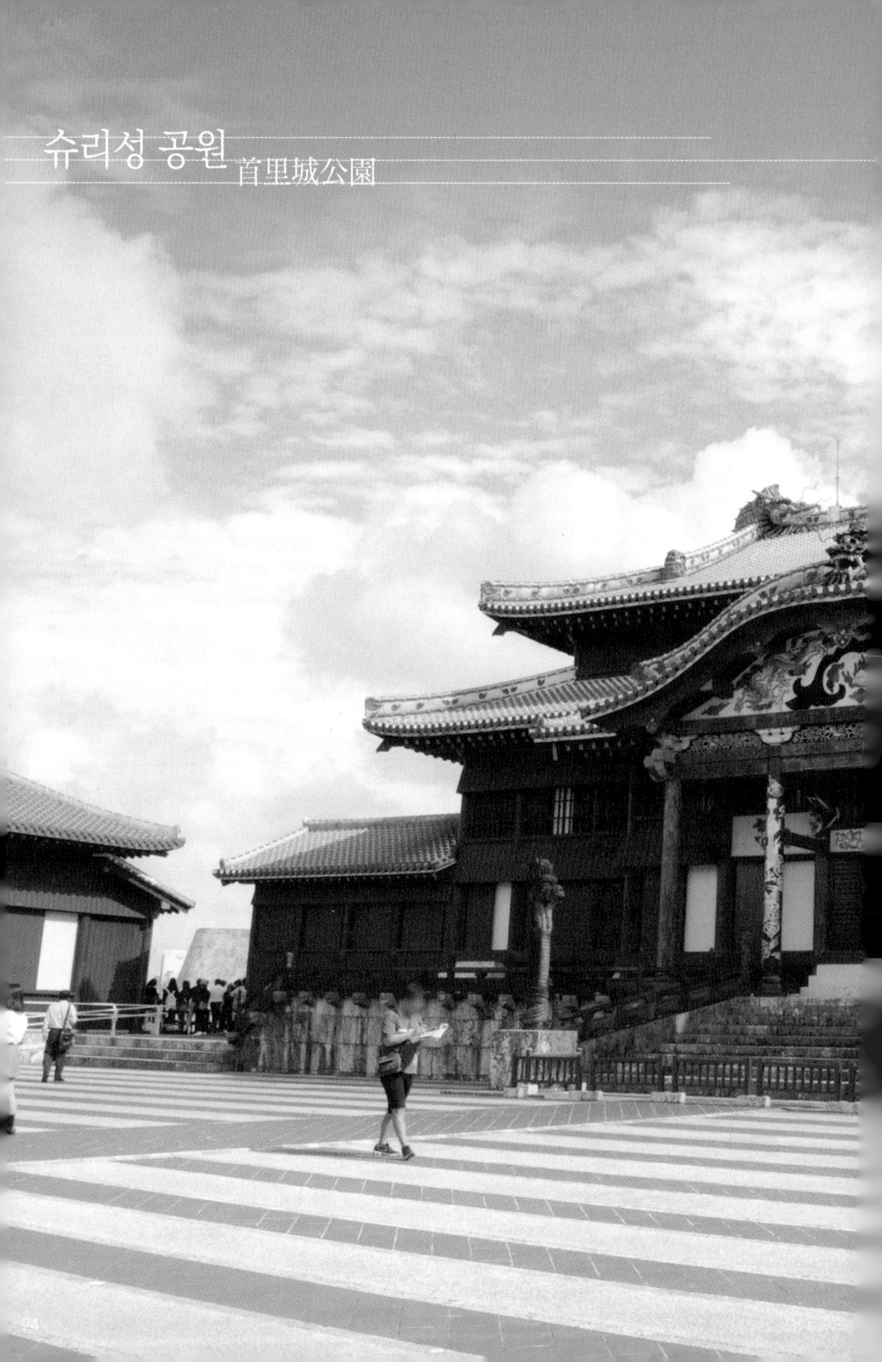

오키나와의 상징,
류큐왕국의 역사를 보다!

국제거리 国際通り

늦은 밤까지 활기찬 오키나와 최대 번화가!

CONTENTS

JAPAN
BASIC
INFO

정식국명
일본(日本, JAPAN, 일본어로는 '니혼' 또는
'닛폰'이라고 읽음)

국기
일본의 국기는 공식적으로 일장기(日章旗)
라고 불리며, 붉은 원은 태양을 상징한다.

인구
인구 1억 2,329만 명 (2022년 기준)

수도
도쿄(東京, Tokyo)

면적
전체 면적은 377,950㎢ 로
(한반도 면적의 1.7배)

언어와 문자
언어는 일본어, 문자는 한자, 히라가나,
가타카나를 사용한다.

구성

홋카이도(北海道), 혼슈(本州), 규슈(九州), 시코쿠(四国) 등 4개의 주된 섬과 주위의
3,000~4,000여개의 작은 섬으로 이루어져 있다.

기후

온대기후에 속하는 일본의 기후는 대체적으로 사계절이 뚜렷하고 우리나라의 기후와
비슷하지만 여름은 우리나라보다 고온다습하고 겨울은 한랭건조한 편이다. 단, 지형이
남북으로 길기 때문에 방문하는 지역마다 기후의 차이가 크다는 것이 특징! 북부의 홋
카이도와 최남단의 오키나와는 연평균기온이 16℃나 차이가 난다. 홋카이도 지역을 제
외한 일본의 봄은 우리나라보다 일찍 시작되며 벚꽃이 만개하는 시기도 1주일 이상 빠
르다. 오키나와의 벚꽃은 1월 말~2월 중순에 만개한다.

통화와 환율

일본의 화폐 단위는 엔이며 円, ￥, YEN 등으로 표기한다. 지폐는 1000, 2000, 5000,
10000엔이 있고, 동전은 1, 5, 10, 50, 100, 500엔이 있다. 일본은 대형쇼핑몰, 레스토랑
등을 제외한 일반식당이나 숍 등에서 신용카드를 받지 않는 곳이 많기 때문에 항상 현금
을 소지하는 것이 좋다. 환율은 100엔=약 910원(2023년 10월 초)

환전

조금이라도 환전 우대를 받기 위해서는 출국 전 주거래 은행이나 인터넷 뱅킹 등을 통해
환율우대 서비스나 환율우대쿠폰을 이용해 환전해 두는 것이 좋다.

일본여행정보

일본 정부 관광국 공식 홈페이지 www.japan.travel/ko/kr

소비세

일본에서는 쇼핑과 식사, 마사지 등의 서비스 이용 시 계산서에 소비세 10%가 가산된다.
2021년 소비세 총액표시가 의무화되어 모든 물건에 소비세가 포함된 전체 가격이 표시되
어 있다.

인터넷

카페·레스토랑·쇼핑몰 등에서는 패스워드를 입력하면 Wi-Fi를 사용할 수 있다. 대부분의
호텔에서는 객실 내에서도 Wi-Fi 사용이 가능하지만, 일부 호텔의 경우 로비에서만 Wi-
Fi 사용이 가능하다.

해외로밍

스마트폰의 경우 별도 신청없이 해외 출국시 자동으로 해외로밍이 적용된다. 단, 자동로밍 서비스로 인한 데이터 요금 폭탄을 피하려면 출국 전 여행하는 국가의 데이터 로밍요금제 등을 확인하고, 데이터 이용을 원치 않을 경우 각 통신사의 고객센터에 문의해 데이터 사용을 차단 신청하는 것이 좋다. 데이터 사용량이 많다면 정액요금제나 해외에서도 데이터를 무제한 사용할 수 있는 '데이터 무제한 로밍 서비스'를 신청하는 것이 좋다. 통신사별 로밍 안내센터는 인천공항 1·3층·면세구역과 김포공항 1층에 위치해 있다. (참조 P.272)

전압과 플러그

일본의 표준전압은 110V로 일명 '돼지코'라고 불리는 11자형 모양의 플러그를 사용하므로 1인당 최소 2개 이상의 플러그를 미리 챙겨가는 것이 좋다. 만약 준비하지 못했다면 숙소에 문의하거나 현지 비쿠카메라, 요도바시 카메라 등 전자상가에서 구입할 수 있다.

팁문화

일본은 팁문화가 발달되지 않아 호텔이나 료칸에서는 따로 팁을 지불하지 않아도 되며 퇴실 시에도 침대 위에 따로 팁을 올려두지 않아도 된다. 일반적인 레스토랑 및 식당에서도 팁이나, 서비스 요금은 지불할 필요가 없다.

일본 여행 계획 시 피하면 좋은 시기

1. 골든 위크

골든 위크란 4월 말부터 5월 초까지 공휴일이 모여 있는 약 1주일간의 기간으로 일본 최고의 관광시즌이다. 기간 내에는 관광명소마다 사람이 많이 붐벼 숙소를 구하기 힘들고 구하더라도 숙박비가 무척 비싸다. 특히 일본 현지인들도 즐겨 찾는 관광지인 하코네, 교토, 오키나와 등의 경우 특히 많은 여행객들로 붐빈다.

2. 오봉(お盆)

오봉(お盆)이란 정월과 함께 일본 최대의 명절. 양력 8월 15일 전후의 2~3일간으로 일본의 추석을 말한다. 죽은 사람이 집에 돌아온다고 하는 명절로 양력 8월 15일 전후로 고향을 찾는 사람들이나 휴가를 즐기려는 사람들로 붐벼 열차, 버스 예약이 힘들고, 문을 닫는 상점들도 많다.

3. 연말연시

12월 말~1월 초의 연말연시에는 박물관·미술관은 물론 대부분의 상점이나 식당 등이 문을 닫으니 방문할 곳의 자세한 스케줄을 확인하고 여행계획을 세우는 것이 좋다.

일본 여행 시 알아두면 좋은 에티켓

1. 일본은 매너와 에티켓을 중시하는 나라로 특히 남에게 피해를 주는 것을 싫어한다. 지하철이나 대중교통 이용시는 물론 호텔, 레스토랑 등 사람들이 많이 모이는 공공장소에서도 큰소리로 떠들거나 다른 사람들에게 피해를 주는 행동은 하지 않는 것이 좋다.

2. 숍사진이나 인물사진 촬영시에는 반드시 허락을 받은 후에 찍어야 한다. 특히 게이샤나 마이코 등 인물 촬영시, 백화점이나 숍 내부 소품 등을 허락 없이 찍는 경우 직원의 제재를 받거나 곤란한 상황이 생길 수 있으니 사진을 찍기 전 꼭 양해를 구하자.

3. 현지식당 이용시 간식거리, 과자, 음료수 등을 식당에 들고 들어가지 않도록 주의하자. 일본에서는 작은 가게라도 자부심이 강하기 때문에 자기 집에서 제공하는 메뉴 이외의 음식을 반입하는 것을 싫어한다.

4. 일부 음식점의 경우, 노쇼(No show) 때문에 한국인 예약을 받지 않는 경우가 있다. 일부 한국인들이 전화 및 방문 예약 후 약속된 시간에 방문하지 않는 경우가 많기 때문이라고. 예약 후에는 반드시 방문하거나 사정상 방문하지 못할 경우 미리 예약취소를 하는 것이 좋다. 노쇼(No show)는 예약 후 아무런 고지 없이 방문을 하지 않는 예약부도를 말한다.

5. 식당 및 레스토랑 이용시 빈자리가 있다고 아무 자리에나 앉는 것은 실례이니 일행이 몇 명인지 말한 뒤 점원이 지정해주는 자리에 앉는 것이 좋다.

6. 메뉴 주문시에는 점원을 큰 소리로 부르지 않고 점원과 눈이 마주쳤을 때 손을 들거나 '스미마셍'이라고 말하면 된다. 또한 1인당 1메뉴를 주문하는 것이 예의다.

7. 식당에 비치된 여러 사람이 같이 이용하는 소스 등의 경우 국자 등을 이용해 자기 접시에 덜어서 먹는 것이 예의다.

8. 일본의 택시는 자동으로 열리고 닫히므로 직접 열거나 닫을 필요가 없다. 또한 일행이 많아 자리가 부족한 경우가 아니라면 앞자리에는 앉지 말고 모두 뒷자리에 앉는 것이 좋다.

9. 일본의 버스는 대개 뒷문으로 승차해 앞문으로 내린다. 또한 버스에서 내릴 때는 반드시 버스가 정차한 후에 자리에서 일어나는 것이 좋다. 일본의 버스는 승객이 완전하게 내릴 때까지 기다려주니 버스가 정차하기 전부터 미리 서둘러 일어나지 않아도 된다.

10. 온천에 들어갈 때는 남탕, 여탕을 꼭 확인하고 들어가자. 일본의 온천(욕탕)은 남탕과 여탕이 시간이나 날짜에 따라 수시로 바뀌는 곳이 있다. 오늘 남탕이었던 곳이 내일에는 여탕으로, 또는 오전에 남탕이었던 곳이 오후에는 여탕으로 바뀌는 경우가 있으므로 욕탕에 들어가기 전에 꼭 확인을 하는 것이 좋다. 대개 남탕은 청색, 여탕은 붉은색 계통의 천이 드리워져 있고 한문으로 남탕(男)과 여탕(女)이 표시되어 있다.

오호츠크해

왓카나이
稚内

오토이넷푸
音威子府

나요로
名寄

후우오이

아사히카와
旭川

다키가와

훗카이도
北海道

아바시리
網走

구나시리토 섬

하보마이 제도

삿포로
札幌

오타루
小樽

훗카이도
(北海道)

노보리베츠
登別

도마코마이
苫小牧市

무로란
室蘭

네무로
根室

오리 제도

오모리오카
盛岡

도야
洞爺

아오모리
青森

히로사키

시리시마 섬

쓰시마 해협

쓰시마 섬

고로 열도

어키 섬

주코쿠
中国

시마네 현
(島根県)

돗토리 현
(鳥取県)

돗토리
鳥取

후쿠오카현
(福岡県)

야마구치현
(山口県)

히로시마현
(広島県)

오카야마현
(岡山県)

효고현
(兵庫県)

히메지
姫路

후쿠오카
福岡

히로시마
広島

오카야마
岡山

시모노세키

구주쿠시마 섬

사세보

나가사키
長崎

구마모토
熊本

오이타현
(大分県)

오이타
大分

에히메현
(愛媛県)

가가와현
(香川県)

시코쿠
四国

세토나이카이 해

마츠야마
松山

다카마츠

구마모토현
(熊本県)

미야자키현
(宮崎県)

고치현
(高知県)

도쿠시마현
(徳島県)

규슈
九州

아마쿠사 제도

도사만

가고시마현
(鹿児島県)

가고시마
鹿児島

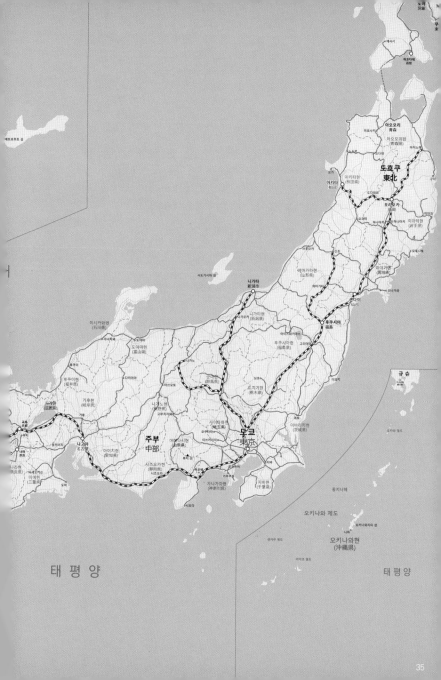

OKINAWA**?**

오키나와는 어떤 곳일까?

오키나와는 어떤 곳일까?

동양의 하와이로 불리는 오키나와는 연중 따뜻한 날씨와 더불어 남국의 정취를 한 껏 느낄 수 있는 섬으로 일본인들이 즐겨 찾는 국내 휴양지 1위로 꼽는다. 이국적 인 풍경과 아름다운 바다를 배경으로 한 드라마와 각종 예능프로그램에 등장하면 서 어느새 우리나라 여행자들에게도 핫한 여행지가 되었다.

크고 작은 섬들로 이루어진 오키나와 섬은 에메랄드 빛 바다, 드넓게 펼쳐진 하얀 백사장, 아열대의 푸른 숲 등 남국의 아름다운 풍경을 감상할 수 있는 최적의 여행 지! 물 속이 훤히 들여다보이는 맑고 투명한 바다에서 즐기는 스노클링과 오키나와 에서만 즐길 수 있는 다양한 향토음식과 특산품을 맛보는 것도 오키나와 여행에서 빼놓을 수 없는 즐길거리! 아름다운 바다와 풍요로운 자연을 벗 삼아 한가로운 휴 식을 즐기고 싶은 여행자들에게 오키나와는 꿈같은 시간을 내어줄 것이다.

아구니 촌

오키나와는 어디일까?

우리가 흔히 오키나와라고 부르는 곳의 정확한 명칭은 '오키나와 현'이며 넓게는 규슈지역에 포함된다. 일본 규슈 최남단에 위치한 섬인 오키나와는 49개의 유인 섬을 포함해 160여개의 크고 작은 섬들로 구성되어 있으며 남북으로 약 400 km, 동서로 약 1,000 km에 이르는 거대한 바다 지역에 걸쳐 있다. 주변의 섬을 모두 포함할 경우 제주도의 약 1.2배, 오키나와 본섬만 비교할 경우 제주도 면적의 2/3 정도 되는 크기로 나하공항이 위치한 남부 지역과 미군기지가 위치한 중부 지역, 해양 스포츠를 즐길 수 있는 서부 지역, 아열대의 자연과 다양한 동식물을 만날 수 있는 북부 지역으로 나뉜다. 또한 오키나와는 아름다운 산호초와 색색의 열대어를 만날 수 있는 다이빙의 메카로도 잘 알려져 있다.

구메지마 초

자마미 촌
도카시키 촌

이헤야 촌

요론 촌

아제나 촌

이에 촌

모토부 초

나고

온나 촌

오키나와
沖縄

나하

오키나와 여행 언제가 좋을까?

일본 규슈 최남단에 위치한 섬인 오키나와는 연간 평균 기온이 20도를 넘는 따뜻한 지역으로 일본에서 유일하게 아열대기후를 보이는 섬이다. 연평균기온 23℃ 이며, 여름 평균기온 28℃, 겨울 평균기온은 17℃ 로 여름과 겨울의 온도 차가 크지 않아 연중 여행을 즐기기에 좋다. 해수욕을 즐기며 휴양하기에 가장 좋은 시기는 4~10월! 단 햇빛과 자외선이 무척 강하기 때문에 선글라스와 모자 등은 필수이며 덥고 습한 날씨 때문에 많은 명소를 둘러보기는 쉽지 않다. 반면 해수욕이 금지되는 11~3월은 최저기온이 15℃ 이하로 떨어지는 날이 거의 없는데다 햇빛이 강해도 그늘은 시원하기 때문에 여러 명소를 둘러보며 관광을 즐기기에는 더 좋다. 오키나와에서 벚꽃을 감상하기에 가장 좋은 시기는 1월 중순부터 2월 중순 사이이며, 가장 인기 있는 벚꽃 관광지는 모토부의 야에다케산, 나키진 성터, 나고 시의 나고 중앙 공원 등이다. 또한 장마철이 시작되는 5~6월초와 태풍 시즌인 8~9월은 날씨의 영향을 많이 받으니 여행에 참고하도록 하자.

오키나와 날씨 안내
https://okinawatravelinfo.com/ko/info/weather

구석구석 둘러보자!
오키나와 완전정복 추천일정!

5~6day

렌타카로 둘러보는 오키나와 5박 6일 여행!

볼거리, 먹거리로 가득한 오키나와! 남부 세화우타키에서 나하시내, 중부 아메리칸 빌리지,
북부 츄라우미 수족관까지 오키나와 본섬 구석구석을 모두 둘러보자!

42

공항도착, 모노레일을 타고 나하 시내 둘러보기

나하공항에서 나하시내까지 모노레일로 단 15분!
숙소에 짐을 풀고 국제거리를 구경하거나 슈리성에 다녀오
자. 저녁에는 국제거리 근처의 맛집에서 오키나와 향토요
리를 맛보고 남국의 밤을 만끽해보자.
(숙소는 나하 시내추천)

12:00 공항도착 및 점심식사
14:00 모노레일을 타고 나하 숙소로 이동
15:00 슈리성 탐방
17:00 국제거리 투어
18:30 저녁식사 및 휴식

*추천식당 : 단보라멘(p.112), 잭스 스테이크 하우스(p.116), 슈리소바(p.152), 텐토텐(p.151)
*추천간식 : 마키시 공설시장 내 먹거리(p.106), 블루씰 아이스크림(p.119)

렌터카 픽업 또는 투어버스를 이용해 남부 명소 탐방!

호텔이나 T갤러리아에서 렌터카를 픽업하고 오키나와 관
광을 시작! 오키나와 월드, 세화우타키, 니라이카나이 다리,
등 남부의 명소를 둘러보고 아름다운 해변카페에 들러 휴식
도 취해보자. 렌터카를 빌리지 않고 반나절 남부투어상품
(P.85)을 이용하는 방법도 있다.
(숙소는 중부 리조트 추천)

10:00 렌터카 픽업 또는 T갤러리아 쇼핑
11:00 렌터카로 남부 명소를 둘러
      보거나 반나절 남부투어 참여
13:00 남부 맛집 및 카페 탐방
15:00 남부 명소 투어
17:00 중부 숙소로 이동

*추천식당 : 차도코로 마카베치나(p.182), 나카모토 센교텐(p.170)
*추천카페 : 하마베노차야(p.180), 카페 쿠루쿠마(p.179)

렌터카를 타고 중부 명소 산책

오키나와 본섬 중부에서 북부 쪽으로 올라가면서 곳곳의 명소에 들러보자. 중부의 대표명소인 아메리칸 빌리지, 선셋비치 등을 둘러보고, 오키나와의 정취를 더욱 느끼고 싶다면 무라사키무라, 류큐무라, 요미탄 도자기마을, 자키미성터, 잔파곶, 비오스의 언덕 등에 가보자.
(숙소는 중북부 리조트 추천)

09:00 호텔 조식 및 체크아웃
10:30 렌터카를 타고 중부 명소 둘러보기
13:00 아메리칸 빌리지 구경 및 점심식사
15:00 요미탄 도자기 마을, 비오스의 언덕 등
　　　 중부 명소탐방
18:00 류큐노우시에서 저녁

*추천식당 : 레드랍스터(p.205), 포케팜(p.204), 하나우이소바(p.203), 류큐노우시(p.218)

볼거리가 넘치는 중북부의 대표명소를 둘러보자!

코끼리를 닮은 해안절벽인 만자모에 들러 아름다운 절경을 감상하고, 부세나 해중공원에 들러 아이들이 좋아하는 글라스보트도 타보자. 나고 파인애플 파크, 네오파크 오키나와 등 오키나와를 대표하는 테마파크에 들러 남국의 자연을 만끽해 보자. (숙소는 북부 리조트 추천)

09:00 호텔 조식 및 체크아웃
10:30 만자모 산책, 만자비치
12:00 부세나 해중공원-글라스보트, 해중전망탑
13:30 오키나와 명물 소바 맛보기
15:00 오리온 해피파크, 나고 파인애플파크 등
　　　 중북부 명소탐방
18:00 백년 고가 우후야에서 향토요리 즐기기

*추천식당 : 나카무라소바(p.219), 미야토 소바(p.249), 우후야(p.248)
*추천간식 : 미치노에키교다 옴빠 아이스크림(p.220)

오키나와의 하이라이트 볼거리가 모여있는 북부로 GOGO!

오키나와의 하이라이트인 츄라우미 수족관, 비세후쿠키 가
로수길, 고우리 대교, 나키진 성터, 세소코비치 등 북부의
대표명소에 들러보자. 오키나와 명물음식인 오키나와 소바
도 맛보고, 아름다운 경치를 자랑하는 카페에서 휴식도 즐
겨보자.(숙소는 북부 리조트 추천)

10:00 츄라우미 수족관, 에메랄드 비치
12:00 비세후쿠키 가로수길 산책
13:00 북부 대표 오키나와 소바 맛집에서 점심
14:00 고우리 대교에서 멋진 드라이브 즐기기
15:00 고우리 비치 & 고우리 오션타워
16:00 아름다운 카페에서 남국의 멋진 경치
　　　 감상하기

*추천카페: 가진호우(p.242), 카페고쿠(p.245), 야치문킷사 시사엔(p.246), 무라노차야(p.252)

공항 이동 및 귀국 전 마지막 쇼핑!

공항 리무진 또는 렌터카를 이용해 나하공항으로 이동.
시간적 여유가 있다면 공항 로커에 짐을 보관하고, 공항
근처에 위치한 아시비나 아웃렛(p.160)에서 쇼핑을 즐겨
보자. 나하공항에서 1시간에 1대씩 셔틀버스가 운행되며
버스로 20분 정도 소요된다.

08:00 숙소 체크아웃 및 공항으로 이동
10:00 나하공항 도착 및 로커에 짐 보관
11:00 아시비나 아웃렛 쇼핑
15:00 공항 도착 및 체크인

※본인의 휴가 스케줄에 따라 위의 일정 중 1~2일을 가감해 나만의 일정을 만들어도 좋다.
※ 오키나와는 제주도보다 해안선이 남북으로 긴 섬이므로 숙소의 위치가 일정에 미치는 영향이 매우 크다.
　총 여행일수, 여행의 목적(휴양/관광/해양스포츠), 꼭 보고 싶은 명소, 꼭 먹고 싶은 식당 등에 맞춰 숙소의 위치를 잘 정하는 것이 좋다.
　자세한 내용은 오키나와 숙소는 어디가 좋을까(p50), 오키나와 여행의 기술 (p78)참고.

렌터카 NO! NO!
공항 리무진으로 편하게 떠나는 오키나와 여행!

3~4day

오키나와 하이라이트만 골라서! 오키나와 핵심 3박 4일 여행!
힐링하러 온 오키나와에서까지 하루 종일 운전만 할 수 없다!
공항리무진으로 왔다~ 공항리무진으로 떠나는 편한 여행!

공항도착, 중북부 리조트로 이동

렌터카 NO! NO! 공항에 도착해 리조트로 가는 리무진 버
스 탑승! 츄라우미 수족관이나 만자모 등 오키나와 대표명
소가 모여있는 북부까지는 공항에서 차로 약 1시간 30분
~2시간 정도 소요된다. 숙소에 도착해 짐을 풀고, 활기찬
내일을 위해 무리한 일정보다는 남국의 정취를 느끼며 휴
식을 취해보자.

12:00 공항도착 및 점심식사
14:00 리무진 탑승
16:00 숙소도착 및 짐풀기
18:00 수영 및 휴식

리조트에서 달콤한 휴식 또는 셔틀버스를 타고 츄라우미 수족관 탐방!

진정한 힐링을 원한다면, 리조트에 머물며 휴식을 취하거나
프라이빗 비치에서 스노클링, 해수욕을 즐겨보자. 느긋하게
휴식을 즐겼다면 오후에는 숙소 근처에 있는 명소 위주로
돌아보자. 츄라우미 수족관 근처에 숙소가 있다면 리조트에
서 운영하는 무료셔틀을 타고 츄라우미 수족관, 오키짱 극
장, 에메랄드 비치 등을 둘러보는 것도 좋은 방법!

09:00 호텔 조식
10:00 리조트에서 휴식 또는 전용비치에서
      물놀이
13:00 점심식사
14:30 츄라우미 수족관 둘러보기
16:00 오키짱 극장, 에메랄드 비치 산책
18:00 리조트로 이동 및 휴식

오키나와 여행의 하이라이트! 북부 명소산책

리조트에서 잠깐 렌터카를 빌리거나 버스투어상품(P.85)을
이용해 북부의 대표명소를 둘러보자. 츄라우미 수족관, 고우
리 대교, 비세후쿠키 가로수길, 세소코비치 등에 가보고, 오
키나와 명물음식인 오키나와 소바도 맛보자. 시간적 여유가
있다면 경치가 아름다운 카페에서 휴식도 즐겨보자.

09:00 호텔 조식
10:00 렌터카를 빌려 가고 싶은 명소에 들르
거나 운전하기 힘들다면 버스 투어 또
는 택시 등을 이용하자!
14:00 추천카페에서 여유로운 시간 보내기
17:00 추천식당에서 점심 또는 저녁 즐기기

*추천식당: 기시모토 식당(p.243), 미야자토 소바(p.249), 안바루 소바(p.247), 우후야(p.248), 토토라베베(p.251)
*추천카페: 가진호우(p.242), 야치문킷사 시사엔(p.246), 카페고쿠(p.245)

공항이동 및 나하시내 관광 또는 귀국 전 쇼핑!

리조트에서 공항 리무진을 이용해 나하공항으로 이동. 한국
으로 돌아가는 비행기가 늦은 오후나 저녁이라면 공항에 짐
을 보관하고, 공항 근처에 위치한 아시비나 아웃렛(버스로
약 20분)에 가보거나 슈리 성이나 국제거리 등 나하시내(모
노레일로 약 20분)를 둘러보는 것도 좋은 방법!

08:00 숙소 체크아웃 및 리무진 탑승
10:00 나하공항 도착 및 로커에 짐 보관
11:00 아시비나 아웃렛 쇼핑 또는 나하시내 관광
15:00 공항 도착 및 체크인

3박 4일 얼마나 들까?

오키나와의 물가는 우리나라와 비슷한 수준이지만 인기 휴양도시답게 리조트 요금이 비싸고 성수기에는 평소의 두 배 가까이 오른다. 시비 등의 물가는 우리나라와 비슷한 편이지만 렌터카 대여비 비중이 큰 편이다. 단, 다른 도시에 비해 사찰·박물관 등의 볼거리가 적어 입장료가 적게 들고, 리조트에서 휴양하거나 해수욕, 드라이브 등만 즐길 경우 기타비용이 상대적으로 적게 들 수 있다. 스노클링, 보트 등 해양스포츠를 즐길 경우 추가비용을 감안해야 한다.

1인기준 예산(3박 4일)

항공권 : 항공권(택스포함) 약 25만 원~ **숙박비** : 리조트 20000엔*3일 (2인 기준)
교통비 : 렌터카 대여비 8000엔*2일, 주유 4000엔
관광 : 관광 명소입장료 3000엔 **식사** : 맛집 투어 4000엔*3일
최소예산은? 항공권 25만 원~ + 경비 97000엔

〈Tip〉 리조트 숙박비와 렌터카 대여비에는 2인 이상의 일행 요금이 포함되어 있음을 감안할 것! 항공권과 리조트 요금은 비수기 기준의 요금으로 산정하였으며, 어떤 숙소를 선택하느냐, 어떤 차종의 렌터카를 선택하느냐에 따라 예산이 많이 달라짐을 알아두자.

?
Okinawa
Hotel

오키나와 숙소는 어디가 좋을까

오키나와 베스트 숙소 찾기!

오키나와 숙소 선택의 팁!

오키나와에 처음 방문하거나 오키나와에 늦게 도착하는 경우 공항에서 가까운 나하시내에 1박 정도 머무른 다음 츄라우미 수족관 등 오키나와의 주요 볼거리가 모여있는 북부로이동하는 것이 좋다. 관광보다 오직 휴양과 물놀이가 목적이라면 중북부 고급리조트에 머물며 힐링을 하는 것이 최고! 렌터카 이용이 힘들다면 나하에 머물며 북부투어, 남부투어상품을 이용하는 것도 좋은 방법이다.(버스투어는 P.85 참조)

숙소 정하는 방법

첫 번째, 여행 목적에 맞는 지역을 선택하자!
편리한 교통은 물론 저녁 늦게까지 쇼핑과 먹방 등을즐기고 싶다면 국제거리 근처나 모노레일 근처 숙소에,아름다운 경치를 감상하며 물놀이나 휴양, 관광을 즐기고 싶다면 북부에 숙소를 정하는 것이 좋다.

두 번째, 마음에 드는 예비 후보들을 뽑아보자!
부킹닷컴, 호텔스컴바인, 호스텔월드 등 숙소 예약사이트에서 해당 지역의 숙소 중 높은 평점을 받은 숙소를검색한다. 또는 전 세계 여행자들의 생생한 리뷰를 참고할 수 있는 트립어드바이저나 전 세계 여행자들의 숙박 공유 사이트인 에어비앤비 airbnb 등에서 숙소를 검색해 보자!

세 번째, 가성비 가장 좋은 곳을 골라보자!
역과의 거리, 가격대, 조식 포함 여부, 체크인, 체크아웃 시간 등을 고려해 마음에 드는 숙소 몇 개를 선별한후 카페, 블로그 검색 등을 통해 선별한 숙소의 후기를살펴본다. 최종적으로 마음에 드는 숙소를 결정하고 예약하면 끝!

Okinawa
Hotel

편리한 교통과 쇼핑을 원하는 당신에게!

나하 국제거리 주변 숙소가 제격!

장점

1. 나하의 주요 명소를 모노레일을 타고 둘러볼 수 있기 때문에 운전을 해야 한다는 부담감이나 교통체증에서 벗어날 수 있다.

2. 나하공항과 거리가 매우 가까워 입출국 시 이동이 매우 편리하다.

3. 시내이기 때문에 밤늦게까지 먹방과 쇼핑 등을 즐기기에 좋다.

단점

1. 오키나와의 아름다운 자연을 만끽하거나 물놀이 등을 즐기기가 힘들다.

2. 대중교통으로 접근하기 어려운 명소나 맛집 등에 찾아가려면 택시나 렌터카를 이용해야 한다.

휴양과 관광을 모두 원하는 당신에게!

북부 숙소가 제격!

장점

1. 오키나와의 대표 볼거리와 맛집 대부분이 북부 쪽에 모여 있기 때문에 북부의 숙소에 머무른다면 관광과 먹방 두 마리 토끼를 다 잡을 수 있다.

2. 리조트 대부분 프라이빗 비치와 실내 수영장 등을 갖추고 있어 다양한 물놀이를 즐길 수 있다.

단점

1. 나하공항에서 북부까지 이동하려면 차로 1시간 30분~2시간 정도 이동해야 한다.

2. 운전석 방향이 다른 렌터카 운전으로 인한 피로도 증가는 물론 교통체증이 있는 경우 시간이 더욱 지체될 수 있다.

진정한 힐링을 즐기고 싶다면!

고급 리조트가 제격!

장점

1. 리조트 대부분 프라이빗 비치와 실내 수영장 등을 갖추고 있어 다양한 물놀이를 즐길 수 있으며, 외부와 단절된 여유롭고 한적한 곳에서 진정한 힐링을 즐길 수 있다.

단점

1. 리조트 가격대가 매우 비싸다. 비수기 기준 보통 1박에 30만 원 선이며 성수기에는 50~70만 원대에 육박한다.

2. 고급 리조트 대부분이 북부에 치중되어 있어 나하공항에서 이동 시 약 2시간 정도 소요되며, 출퇴근 시간대에는 시간이 더 오래 걸린다.

아름다운 해변을 바라보며 휴양을 즐기거나 풍경을 감상하는 일보다 더 중요한 것은 여행의 만족도를 배가시킬 수 있는 숙소를 고르는 일! 어떤 리조트에서 휴가를 보내느냐에 따라 행복한 추억이 될 수도 있고 불행한 기억이 될 수도 있으니 그만큼 리조트 선택이 중요하다. 자신의 취향과 예산에 맞는 숙소를 고르는 게 답이겠지만 오키나와 섬 전체에는 헤아릴 수 없을 만큼 많은 리조트가 있고 요금도 천차만별이라 고르기가 무척 힘들다. 정확한 순위를 매기기는 힘들지만 오랜 기간 동안 여행자들의 사랑을 받아 온 오키나와 인기 리조트 및 호텔을 소개한다.

더 부세나 테라스 The Busena Terrace (북부 MAP208 C3)

더 앗타 테라스 클럽 타워스 The Atta Terrace Club Towers (북부 MAP208 C3)

호텔 오리온 모토부 리조트 & 스파 Hotel Orion Motobu Resort & Spa (북부 MAP208 C1)

호텔 니코 알리빌라 Hotel Nikko Alivila (중부 MAP186 B1)

힐튼 오키나와 차탄 리조트 Hilton Okinawa Chatan Resort (중부 MAP186 B3)

르네상스 리조트 오키나와 Renaissance Okinawa Resort (북부 MAP208 A4)

오키나와 메리어트 리조트&스파 Okinawa Marriott Resort&Spa (북부 MAP208 C3)

아나 인터컨티넨탈 만자 비치 리조트 ANA Intercontinental Manza Beach Resort (북부 MAP208 B3)

마히나이 웰니스 리조트 Hotel Mahaina Wellness Resorts (북부 MAP208 C1)

?
Okinawa
Food

오키나와에선 뭘 먹을까

OKINAWA
오키나와 소바

OKINAWA
타코라이스

OKINAWA
블루씰 아이스크림

OKINAWA
부쿠부쿠차

OKINAWA
해산물 튀김

OKINAWA
젠자이(팥빙수)

OKINAWA
오리온 맥주

OKINAWA
아와모리

OKINAWA
스테이크

©u-shi.net

OKINAWA
랍스터

OKINAWA
바다포도

OKINAWA
고야 챤푸르

OKINAWA
라멘

OKINAWA
열대과일 & 주스

OKINAWA
사타안다기

OKINAWA
베니이모 타르트

Drug ?
Store

드럭스토어 인기 아이템

고쿠준 히알루론산 화장수
極潤 ヒアルロン酸

순하고 촉촉한 인기 화장수
우리나라 올리브영에서도
만날 수 있는 화장품. 일본
에서는 저렴한 가격에 구입
할 수 있다.

사나 두유 클렌징 폼
SANA 豆乳イソフラボン

순하고 부드러운 클렌징 폼
세안 후에도 당김이 적다.
대두에 들어 있는 콩단백질
인 이소플라본이 함유. 스킨
과 수분크림도 인기.

니베아 선 프로텍트 워터젤
Nivea Protect Water Jel

산뜻한 젤 타입의 선크림
선크림이라는 생각이 들지
않을 정도로 가볍고 촉촉하
다. 끈적임이 없고 빠르게
스며든다. 백탁현상 없음.

아름다운 나를 위한
뷰티 & 바디케어 아이템

시세이도 퍼펙트 휩
Perfect Whip

인기 NO.1 클렌징 폼
300엔대라는 가격이 믿기
지 않을 정도로 가성비가 높
은 제품. 조금만 써도 풍부
한 거품이 난다.

손바유 마유크림
ソンバーユ

보습 크림 인기 No.1
순도 100%의 마유로 만들
어진 미용오일로 발림성과
보습력이 좋아 인기. 얼굴은
물론 헤어, 바디에도 사용.

크라시에 마스크팩
Kracie

인기 NO.1 마스크 팩
보송하고 촉촉한 피부를 위
한 마스크팩. 보습, 모공케
어, 탄력 등 다양한 종류가
있으며 가격도 저렴한 편.

츠바키 샴푸/린스
TSUBAKI

일본 인기 헤어제품 브랜드
푸석하고 건조한 모발, 펌과
염색 등 시술로 손상된 모
발, 처지는 모발용 등 다양
한 헤어케어 제품이 있다.

메구리즘 증기 아이마스크
蒸気でアイマスク

눈의 피로를 덜어주는 제품
바쁜 일상 속에서 침침하고
건조해진 눈의 피로를 덜어
주는 제품. 따뜻한 스팀이
눈가를 편안하게 해준다.

비오레 사라사라시트
さらさらパウダーシート

한여름의 필수 아이템
냄새와 끈적임을 한 번에 없
애주고 보송보송한 피부로 만
들어 준다. 야외활동, 한여름
외출 시 사용하면 좋다.

일본어 한마디!

실례합니다만, 이것은 어디에 있습니까?
이것으로 주세요.

스미마셍 고레와 도꼬데스까
고레오 쿠다사이

すみません これはどこですか
これを ください

비오레 코팩
Biore 毛穴すっきりパック

인기 NO.1 코팩
피지를 말끔히 제거해 주는
인기 팩. 코팩 이외에도 T존
(이마, 턱) 부위에 사용하는
팩도 있다.

휴족시간
休足時間

다리에 피로가 느껴질 때
부종이 많고 피로가 느껴질
때 사용하면 좋다. 여행을
마치고 숙소에 돌아와 붙이
면 다리의 피로가 풀린다.

데오나츄레 소프트 스톤
デオナチュレ Soft Stone

인기 NO.1 데오드란트
스틱형으로 생긴 무향료, 무
착색의 천연 데오드란트.
외출 전 한번 바르면 저녁
때까지 땀냄새 걱정은 NO.

동전파스
ROIHI-TSUBOKO

동전 모양으로 생긴 파스
근육통 등 아픈 부위에 붙이
면 후끈후끈 열이 난다. 부
모님께 선물로 사다 드리는
인기품목 중 하나

사론파스
サロンパス

일본 국민파스
명함 크기의 파스가 140매
들어 있고 작은 지퍼백이 들
어 있어 휴대가 간편하다.
어깨 전용 물파스도 있다.

큐앤피 코와골드 α+
Q&P KOWA GOLD α+

No1. 인기 영양제
카베진과 같은 코와제약에
서 나오는 영양제로
자양강장 및 육체피로 개선
에 도움을 준다.

건강한 나를 위한
헬스 케어 아이템

오타이산
太田胃散

일본 국민 소화제
가루 형태의 소화제로 과음,
과식, 속 쓰림 증상에 복용
한다. 1회분씩 포장된 제품
과 캔으로 된 제품이 있다.

오로나인 연고
オロナイン軟膏

일본 국민 연고
여드름, 튼 살 등 피부질환
과 화상, 상처치료 등에 사
용된다. 스테로이드 성분이
없어 만능 연고로 불린다.

캬베진
キャベジン

일본 국민 위장약
양배추 생약성분의 위장약
으로 위를 튼튼하게 해주고
소화를 도와준다. 만 8세부
터 복용가능.

눈 세척액 - 아이봉
アイボン

눈을 깨끗하게 하는 세척액
눈에 먼지나 화장품 등 이물질
이 들어가서 찜찜할 때 사용하
면 좋다. 렌즈 착용자도 사용
가능. 여러 종류가 있다.

노도누루 스프레이
のどぬ~る スプレー

목 아플 때 뿌리는 스프레이
목이 따끔거리거나 아플 때
목에 뿌리면 상쾌한 기분을
느낄 수 있다. 어린이용도
있다.

구내염 패치
口内炎パッチ

구내염에 붙이는 패치
구내염이 발생한 위치에 한
번에 1매씩 붙여주면 된다.
생각보다 잘 떨어지지 않고
잘 붙어 있다.

일본어 한마디!

실례합니다만, 이것은 어디에 있습니까?   스미마셍 고레와 도꼬데스까   すみません これはどこですか
이것으로 주세요.   고레오 쿠다사이   これを ください

사카무케아
サカムケア

상처에 바르는 액체 반창고
베인 상처, 갈라진 부위 등
에 발라주는 매니큐어 타입
의 반창고로 방수가 되어 물
에 닿아도 따갑지 않다.

네츠사마 해열시트
熱さまシート

8시간 지속되는 해열시트
도톰한 젤 형태로 된 해열시
트로 어른용과 어린이용이
있다. 피부에 자극이 없고
접착력도 좋은 편이다.

호빵맨 모기패치
ムヒパッチ

여름철 필수 아이템
모기에 물린 부위에 붙이면
간지러움이 사라지고 부기
도 가라앉는다. 12개월 이
상부터 사용 가능.

?
Best
Gift Item

내가 더 갖고 싶은 기프트 아이템

베니이모 타르트

오키나와 기념품으로 딱!

오키나와 특산물 베니이모
(자색 고구마)를 사용해 만
든 타르트. 많이 달지 않고
부드러워 기념품, 선물용으
로 인기다. 슈퍼에서 판매.

베니이모 키캣

자색 고구마 맛 초콜릿

베니이모를 이용해 만든 키
캣. 녹차 키캣이 가장 인기
있지만 베니이모 키캣은 오
키나와에서만 만날 수 있다.
슈퍼나 편의점에서 판매.

파인애플 카스테라

파인애플 과육이 들어있는

오키나와의 대표 열대과일
인 파인애플로 만든 카스테
라. 달달한 맛을 좋아하는
이들에게 인기. 망고 맛도
있다. 기념품점에서 판매.

오키나와 여행에서
구할 수 있는 잇! 아이템

히비스커스 차

건강과 다이어트에 도움

오키나와를 상징하는 새빨
간 꽃으로 열대지방에 서식
한다. 최근에는 건강과 다이
어트에 도움을 준다고 밝혀
져 차로도 많이 마신다.

오키나 산 천연설탕

많이 달지 않은 천연 흑설탕

오키나와에서 재배하는 사
탕수수로 만든 천연 흑설탕
(흑당). 설탕에 비해 단맛이
덜하다. 기념품점, 슈퍼 등
에서 판매한다.

고레구스

소바에 넣어먹는 매콤 소스

오키나와 술 아와모리에 작
은 섬 고추를 넣어 만든 소
스로 오키나와 소바를 먹을
때 넣어 먹는다. 슈퍼, 기념
품숍에서 판매

도자기
은은한 색감이 매력!!
그릇, 접시 등 오키나와 감성을 담은 도자기 제품은 소박하면서도 단아한 느낌을 준다. 도자기 마을, 기념품점 등에서 구입할 수 있다.

류큐 유리공예품
재활용품으로 만든 공예품
미군부대에서 나온 유리병을 녹여 만든 공예품. 컵, 접시, 액세서리 등 다양한 공예품이 있다. 기념품점, 잡화점 등에서 판매

빈가타 염색 상품
화려한 오키나와 염직물
빈가타 염색은 오키나와 전통 나염 기법으로 색이 화려하고 선명한 것이 특징. 셔츠, 가방, 액세서리 등에 활용된다. 기념품점에서 판매.

일본어 한마디!!

실례합니다만, 이것은 어디에 있습니까?
이것으로 주세요.

스미마셍 고레와 도꼬데스까
고레오 쿠다사이

すみません これはどこですか
これを ください

시사 장식품
오키나와를 지키는 수호신
시사는 오키나와를 지키는 사자상의 인형. 액막이 역할을 하는 수호신으로 민가나 건물 지붕 곳곳에 장식되어 있다. 기념품점에서 판매.

아와모리 술
오키나와 대표 전통소주
태국쌀로 빚은 오키나와 전통소주. 도수는 20~40도로 다양하며, 저장년도가 길어질수록 풍미가 더 좋아진다. 슈퍼, 기념품점에서 판매.

일본 젓가락
선물용 인기 아이템
일반 젓가락 매장, 도구상가, 기념품 등에서 구입가능하다. 젓가락에 이니셜을 새겨주는 매장도 있다.

고양이 인형 (마네키 네코)
복을 불러오는 고양이
일본의 식당이나 상점에서 쉽게 볼 수 있는 도자기 고양이 인형으로 행운을 상징한다.

스타벅스 머그컵
소장용으로 인기
도쿄, 오사카 등 각국 주요 도시의 멋스러운 그림과 글자가 새겨진 머그컵. 취미로 모으는 사람들도 많다.

브랜드 손수건
선물용 인기 아이템
일본 백화점 1층에는 다양한 명품브랜드 손수건 매장이 모여있다. 가격대도 500엔 전후라 선물로도 제격.

일본 여행에서
구할 수 있는 잇! 아이템

리락쿠마 캐릭터 상품
볼수록 귀여운 아이템
아이들은 물론 20~30대에게도 사랑받는 곰인형 캐릭터. 인형, 양말, 식기류 등이 있다. 잡화점에서 판매.

지브리 캐릭터 상품
선물용 또는 소장용 아이템
지브리 스튜디오의 다양한 캐릭터 상품은 선물이나 소장용으로도 인기. 토토로숍 잡화점에서 만날 수 있다.

프릭션 볼펜 FRIXION
글씨가 지워지는 볼펜
잘못 쓴 글씨는 볼펜 윗면에 달린 지우개로 지울 수 있어 편리. 로프트나 잡화점 등에서 판매. 형광펜도 있다

로이스 초콜릿 Royce
선물로도 좋은 고급 초콜릿

고급스럽고 깊은 풍미를 느낄 수 있는 초콜릿으로 선물용으로 인기. 백화점이나 공항에서 구입할 수 있다.

밀키 카라멜
한 번쯤 먹어본 듯한 맛

사탕처럼 보이지만 먹어보면 카라멜처럼 쫀득거린다. 우유맛, 딸기맛, 녹차맛 등이 있다. 슈퍼에서 판매.

호로요이 (ほろよい)
인기 과일맛 알콜 음료

과하지 않은 단맛에 끌리는 과일맛 알콜음료. 복숭아, 딸기, 레몬, 사과맛 등이 있다. 슈퍼, 돈키호테 등에서 판매한다.

일본 여행에서
구할 수 있는 먹거리 아이템

UFO 라면
간편하게 즐기는 야키소바

일본 인기 컵라면. 컵라면이지만 쫄깃한 면발과 생생한 채소의 식감을 즐길 수 있다. 편의점, 슈퍼에서 판매

곤약 젤리 (蒟蒻畑)
인기 NO.1 젤리

하트모양의 탱글탱글한 젤리. 복숭아맛과 포도맛, 귤맛이 있다. 컵과 파우치 형태가 있으며, 컵 형태는 국내반입금지.

우마이봉 (うまいぼん)
일본 뻥튀기 과자

한번쯤 먹어본 듯한 맛의 뻥튀기 과자로 콘스프맛, 치즈맛, 초코맛 등이 있다. 슈퍼, 돈키호테 등에서 판매한다.

す し 寿司

스시 알고 먹어야 제맛이다!

알고 즐기는 스시

우리나라 말로 초밥이라고 부르는 스시(寿司, すし)는 소금과 식초, 설탕으로 간을 한 밥 위에 얇게 저민 생선이나 김, 달걀, 채소 등을 얹거나 채워서 만드는 일본의 대표 요리를 말한다. 일본여행에서 빼놓을 수 없는 음식 스시. 어떤 재료로 만들었는지 알고 주문한다 면 더욱 알찬 먹방여행이 될 것이다.

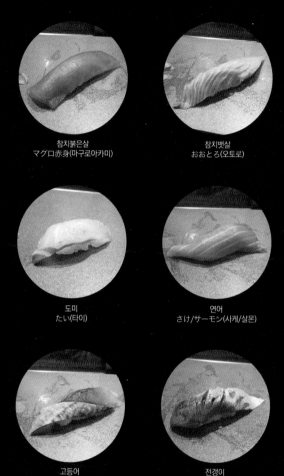

참치붉은살
マグロ赤身(마구로아카미)

참치뱃살
おおとろ(오토로)

광어
ひらめ(히라메)

도미
たい(타이)

연어
さけ/サーモン(사케/살몬)

정어리
いわし(이와시)

고등어
さば(사바)

전갱이
あじ(아지)

장어
うなぎ(우나기)

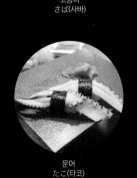

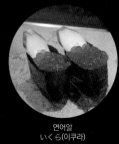

문어
たこ(타코)

연어알
いくら(이쿠라)

성게알
うに(우니)

어류 魚類

한글 명칭	일본어발음	한문	히라가나	카타카나
참치(다랑어)	마구로	鮪	まぐろ	マグロ
도미(돔)	타이	鯛	たい	ダイ
정어리	이와시	鰯	いわし	イワシ
전갱이	아지	鯵	あじ	アジ
장어	우나기	鰻	うなぎ	ウナギ
바다장어(붕장어)	아나고	穴子	あなご	アナゴ
가다랑어	가츠오	鰹	かつお	カツオ
연어	사케(살몬)	鮭	さけ	サケ/サーモン
연어알	이쿠라		いくら	イクラ
농어	스즈키	鱸	すずき	スズキ
꽁치	산마	秋刀魚	さんま	サンマ
고등어	사바	鯖	さば	サバ
삼치	사와라	鰆	さわら	サワラ
청어	니신	鰊	にしん	ニシン
복어	후구	河豚	ふぐ	フグ
광어(넙치)	히라메	平目	ひらめ	ヒラメ

기타

한글 명칭	일본어발음	한문	히라가나	카타카나
문어	타코	蛸	たこ	タコ
오징어	이카/스루메이카	烏賊/鯣烏賊	いか/するめいか	イカ/スルメイカ
가리비	호타테가이	帆立貝	ほたてがい	ホタテ
게	카니	蟹	かに	カニ
새우	에비	蝦·海老	えび	エビ
전복	아와비	鮑	あわび	アワビ
성게알	우니	海胆	うに	ウニ
굴	카키	牡蛎	かき	カキ

OKINAWA

한눈에 보는 오키나와

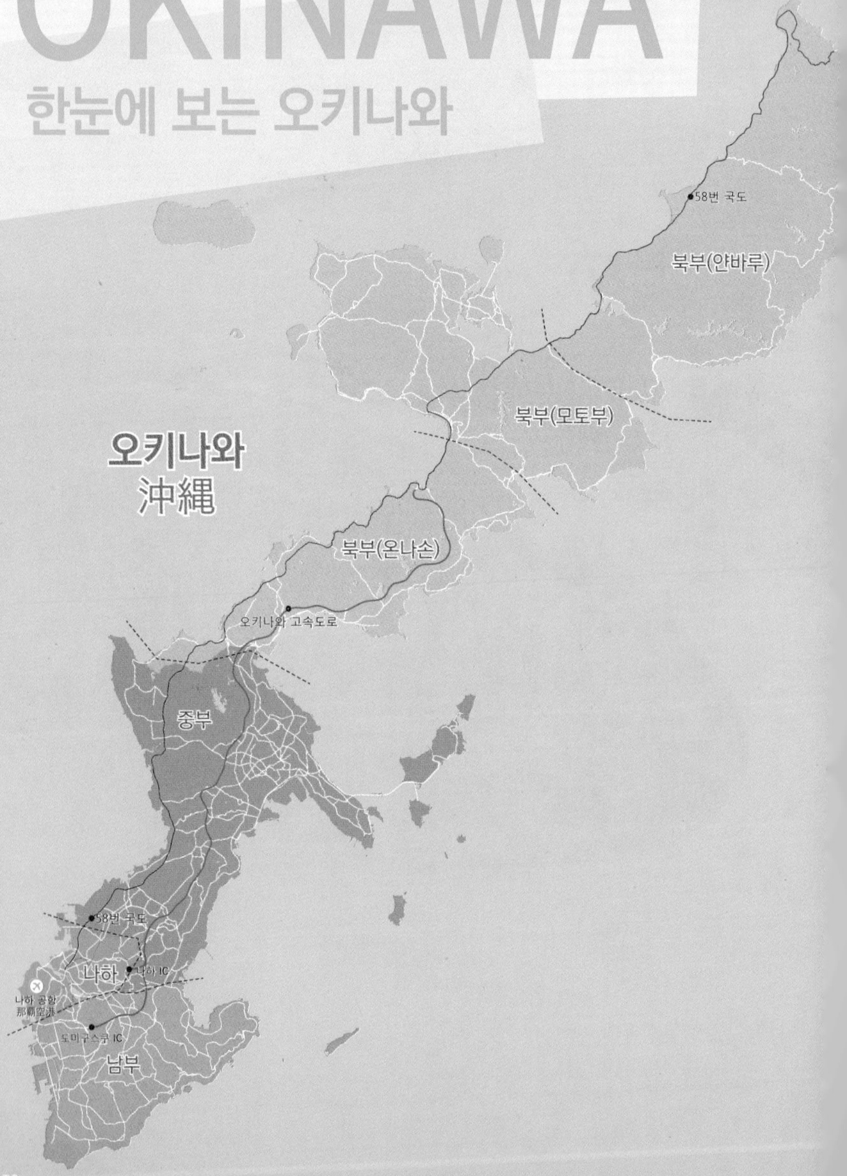

오키나와
沖縄

북부(얀바루)

58번 국도

북부(모토부)

북부(온나손)

오키나와 고속도로

중부

58번 국도

나하
나하 IC

나하 공항
那覇空港

도미구스쿠 IC

남부

북부 北部

오키나와 대부분의 리조트와 주요 볼거리가 모여있는 오키나와 관광의 하이라이트. 북부 지역은 크게 얀바루 山原, 모토부 本部, 온나손 恩納村 지역으로 나뉘며, 아열대 맹그로브숲, 해도곶, 츄라우미 수족관, 고우리 대교, 세소코 비치, 나고 파인애플파크 만자모, 부세나 해중공원, 류큐무라 등의 볼거리가 있다.

나하 那覇

오키나와의 관문이자 중심도시. 백화점, 호텔, 각종 상점이 즐비한 국제거리를 비롯해 오키나와 재래시장, 류큐왕국의 거성이었던 슈리성, 티 갤러리아 면세점 등의 시설이 위치해 있는 오키나와 현 최대의 도시이다. 렌터카보다 모노레일로 이동하는 것이 더 편리하다.

중부 中部

2차 세계대전 이후 미국의 지배를 받다가 1972년 일본으로 반환된 오키나와에는 미군 기지가 여전히 남아있다. 중부지역은 미군기지 등 미 군용시설이 집중되어 있는 곳으로 미군으로부터 반환 받은 매립지 위에 조성된 쇼핑타운인 아메리칸 빌리지를 비롯해, 요미탄 도자기마을, 잔파곶, 이케이 비치, 나카구스쿠 성터 등이 있다.

남부 南部

해안도로를 따라 달리며 아름다운 바다를 감상하며 드라이브를 즐기기에 좋으며, 경치가 아름다운 카페와 레스토랑도 많이 있다. 오키나와 최대의 격전지였던 언덕에 조성된 평화기념공원, 류큐왕국 최고의 성지인 세화우타키, 오키나와 최대의 테마 파크인 오키나와 월드, 류큐 유리 만들기를 체험할 수 있는 류큐 유리촌 등이 있다.

OKINAWA

오키나와 여행의 기술

오키나와 여행하기!

오키나와는 아름다운 에메랄드 바다에서 휴양과 해양스포츠는 물론 다양한 먹거리까지 즐길 수 있는 최고의 휴양지! 하지만 제주도보다 해안선이 훨씬 더 길고 복잡하기 때문에 일정을 잘 계획해야 도로 위에서 낭비되는 시간과 체력소모를 줄일 수 있다. 지역별로 다양한 볼거리가 있어 한 숙소에 계속 머무르는 것보다 원하는 일정에 맞춰 지역별로 숙소를 옮겨가며 여행하는 것이 훨씬 효율적이다. 예를 들어 여행 시작일이나 여행 마지막 날에는 공항과 가까운 나하 시내의 호텔에서 묵으며 모노레일을 이용해 나하의 주요볼거리를 돌아보는 일정을 계획하고, 곳곳에 흩어진 관광지를 둘러보는 날에는 본인이 원하는 관광지 주변의 북부, 중부, 남부의 리조트에서 묵으며 렌터카를 이용해 둘러보는 것이 좋다.

오키나와 관광청
https://visitokinawajapan.com/ko

오키나와 여행정보
https://okinawatravelinfo.com
www.oki-islandguide.com

나하공항 관광안내소

운　　영 09:00~21:00, 연중무휴
위　　치 나하공항 국제선 터미널 1층

국제거리 관광안내소

운　　영 09:00~20:00, 연중무휴
위　　치 국제거리 내 (맥도날드 맞은 편)

나하공항 관광안내소

기타노 관광안내소

오키나와로 가는 길

우리나라와 오키나와를 연결하는 항공편은 매우 다양하다. 인천에서는 대한항공, 아시아나 항공, 제주항공, 티웨이항공, 진에어 등에서 직항편을 매일 운항하고 있다. 부산과 대구에서도 직항편을 운행하였으나 코로나 이후 직항편이 운행 중지되었다. 비행기는 오키나와 나하공항 那覇空港 에 도착하며, 나하공항에서 모노레일이나 리무진 버스, 렌터카 등을 이용해 오키나와 본섬 각지로 이동할 수 있다.

나하공항 홈페이지 www.naha-airport.co.jp
소요시간 인천에서 약 2시간 20분

나하공항에서 오키나와시내로

리무진 버스 Limousine

렌터카를 이용하지 않고 중북부 호텔이나 리조트로 이동하려는 이들에게 유용한 교통수단으로 나하 버스터미널을 비롯해 나하 시내 주요 리조트 및 호텔까지 편리하게 이동할 수 있다. 버스는 A, B, AB, C, CD, E, DE 등 7개 노선으로 나뉘어 운행되며, 주요 명소와 호텔 등 지역별로 나뉘어 운행된다. 국제선 터미널에서 리무진버스를 이용하려면 1층 출구나 2층 연결통로를 통해 먼저 국내선 터미널로 이동해, 국내선 터미널 2번 게이트 밖에 있는 12번 승강장에서 탑승하면 된다. 현금 승차가 불가능하므로 반드시 티켓을 구매한 뒤 탑승해야 하며, 티켓은 국내선 터미널 1층에 있는 빨간색 깃발에 '리무진버스 リムジンバス' 라고 적힌 카운터에서 구매할 수 있으며 온라인에서도 구매 가능하다. 교통정체가 심한 출퇴근 시간대나 기상 상황이 좋지 않을 때에는 소요시간이 더 오래 걸린다.

공항 리무진버스 안내 https://okinawabus.com/ko
온라인 티켓구매 https://japanbusonline.com/en
요금 목적지별로 다름

리무진 버스 티켓 구매처

리무진 버스 탑승장(이동 지역별 탑승장 번호를 확인 하자!)

모노레일(유이레일) モノレール (ゆいレール)

나하 시내로 가는 가장 빠르고 편리한 대중교통수단으로 국제거리, 슈리성, 쇼핑센터 등 나하 곳곳의 명소를 연결한다. 모노레일 역은 국내선 터미널 2층에 있으므로 1층 출구나 2층 연결통로를 통해 먼저 국내선 터미널로 이동해야 한다. 모노레일 나하공항 역은 국내선 터미널 2층과 연결된다. 교통정체 걱정 없이 이동가능하며, 지상에서 약 8~20m높이의 공중에서 달리기 때문에 밖으로 보이는 나하 시내의 풍경을 감상하며 이동할 수 있다. 승차권은 모노레일 역 안에 비치된 자동발매기에서 구입할 수 있다.

홈페이지 www.yui-rail.co.jp
운행 06:00~23:30 (10~15분 간격운행)
요금 230~370엔 (거리에 따라 다름)
소요시간 슈리 (首里)역까지 약 27분

자유승차권 フリー乗車券

하루 3회 이상 모노레일을 이용할 예정이라면 유효시간 내 무제한 승차가 가능한 자유승차권을 구입하는 것이 경제적이다. 자유승차권에는 1일권과 2일권이 있으며 자유승차권 소지시 슈리성 등 주요명소의 입장료 할인혜택을 받을 수 있다. 개찰기 통과 후 각각 24시간, 48시간 유효하며 자유승차권은 모노레일 역에 비치된 자동발매기에서 구입할 수 있다.

요금 1일권 일반 800엔, 2일권 1400엔 (어린이는 일반요금의 50%)

모노레일 1회권

모노레일 1일권

모노레일

모노레일 승차장

1. 자동발매기 위에 설치된 노선도에서 목적지까지의 요금을 확인한다.
2. 한국어 혹은 English 버튼을 누르고   인원수 버튼과 노선도에서 확인한 목적지의 요금과 동일한 금액의 버튼을 화면에서 누른다.
3. 지폐 또는 동전 투입구에 돈을 넣고 티켓과 거스름돈을 챙긴다.

티켓 자동발매기

한국어 선택

원하는 승차권 구입

버스 BUS

나하 시내는 모노레일로 연결되어 있어 버스는 주로 나하 시 외곽지역으로 이동 시 이용하게 된다. 단, 배차시간이 긴 데다 버스 운행도 빨리 끊겨 관광객들이 이용하기에는 비효율적이다. 시내버스는 거리에 상관없이 요금이 균일하며 시외버스는 거리에 따라 요금이 달라진다. 국제선 청사 밖으로 나가면 노선별 목적지가 기재된 버스 승차장이 있다.

요금 거리에 따라 다름

버스 이용법

버스는 뒷문으로 승차하며 앞문으로 하차한다. 버스를 탈 때는 입구의 정리권(整理券) 발행기에서 번호표를 뽑고 목적지가 가까워오면 벨을 누른 뒤 앞문으로 하차한다. 내릴 때에는 요금 표시판에서 정리권에 찍힌 번호에 해당하는 요금을 내면 된다. 일본의 버스는 잔돈을 거슬러 주지 않으니 버스에서 내릴 때 잔돈이 없다면 앞문에 설치된 동전 교환기에서 동전을 교환한 후 정확한 운임을 지불하도록 하자. 지폐는 1000엔만 동전으로 교환 가능하다.

렌터카로 떠나는 오키나와 자유여행!

Driving
in Okinawa

아름다운 오키나와 해안도로를 종횡무진 달려보자!

제주도의 면적보다 1.2배나 더 큰 오키나와 섬을 둘러볼 때에는 대중교통보다 렌터카를 이용하는
것이 훨씬 편하다. 무거운 짐을 들지 않아도 됨은 물론이고 시간에 구애받지 않고 드라이브와 관광
을 즐길 수도 있기 때문. 단, 렌터카 업체에 따라, 차종에 따라, 연료에 따라, 내비게이션 한글지원
여부에 따라 요금 및 이용가능 서비스가 달라지므로 렌터카 예약 전 여러 사이트 비교는 필수이다.
도요타, OTS렌터카를 이용하는 것이 일반적이다.

도요타 렌터카 https://rent.toyota.co.jp/ko
OTS 렌터카 OTS レンタカー www.otsinternational.jp/otsrentacar/en

렌터카 예약에서 출발까지

렌터카는 공항에서 픽업해 공항에서 반납하는 방법 이외에도 리조트 및 호텔, 나하 시내의 T갤러리아, 나고, 차탄 등 렌터카 영업소가 있는 지역에서 픽업 및 반납하는 방법이 있으니, 본인의 일정에 맞춰 렌터카를 빌리도록 하자.

1.예약신청

원하는 렌터카 홈페이지에서 렌트를 시작할 날짜와 시간, 반납할 날짜와 시간, 픽업을 원하는 장소, 원하는 차종과 클래스, 음성, 입력, 화면표시 등이 모두 한국어로 제공되는 ALL-IN-ONE 내비게이션과 부분적으로 한국어와 일본어가 섞여 제공되는 내비게이션 등 옵션 등을 조회한 후 마음에 드는 조건으로 예약신청을 한다.

2.렌터카 픽업 및 수속결재

렌터카 픽업은 나하공항과 나하 시내의 영업소, 또는 일부 렌터카업체의 경우 각 호텔에서 픽업할 수 있다. 렌터카 픽업 시에는 예약시 받았던 차량 렌트 확인서, 여권과 국제운전면허증 등을 확인하고 렌트비를 선불로 결재해야 한다. 한 대의 차량을 여러 명이 운전할 경우 운전할 모든 사람의 국제면허증을 전부 등록해야 한다.

국제운전면허증
렌터카 여행의 필수품인 국제운전면허증은 경찰서에서 당일 발급 가능하니 여행 전 한국에서 미리 발급해 가도록 하자. (사진 1매, 여권, 발급비(8,500원)필요)

나하공항에서 렌터카를 픽업할 경우

오키나와 입국 수속 후 짐을 찾고 나가면 각 렌터카 팻말을 들고 있는 직원이 서 있다. 해당 렌터카 직원에게 예약확인증을 제시하면 무료 송영차량에 짐을 실어주고 안내해준다. 대부분의 렌터카 영업소는 공항에서 차로 약 5~10분거리에 있다.

- 나하 시내 T갤러리아에서 렌터카를 픽업할 경우

모노레일 오모로마치(おもろまち)역에 있는 T갤러리아 2층에는 여러 회사의 렌터카 카운터가 모여 있어 렌터카를 픽업하거나 반납할 수 있다.

T갤러리아 2층 입구

렌터카 카운터

3.렌터카 인도

차량 인도시에는 계약서 및 약관내용과 렌터카 이용방법, 신호체계 등에 대해 사진과 함께 한국어로 자세히 적힌 설명서를 제공하며 간단한 차량 설명에 이어서 차량외관, 작동상태, 주유상태 등을 확인한 다음 차량을 인도 받는다.

4. 렌터카 반납 및 추가비용 정산

차량 반납시에는 직원이 주행거리와 차량 상태를 확인한다. 만일 예정된 반납시간을 초과하게 될 경우에는 미리 영업소에 연락해 연장신청을 한 뒤 사용을 해야 하고, 차량 반납시 연장시간에 대한 추가비용을 정산해야 한다. 또한 차량 반납시에는 휘발유를 가득 채워 반납해야 하며 휘발유가 가득 찬 상태가 아닐 경우에는 실제 주행거리로 요금을 환산하여 추가비용을 지불해야 한다.

렌터카 | T 갤러리아 렌터카 반납장 입구

렌터카 이용 시 주의사항

1. 운전석 방향 및 신호체계

오키나와는 운전석과 조수석이 반대이며 차량 주행 방향도 우리나라와 반대이다. 운전자의 왼쪽 맞은편에서 차가 달려오는 것이 아니라 오른쪽 맞은편에서 달려온다. 처음에는 부담이 될 수 있지만 한두 시간만 적응하다 보면 금방 익숙해지니 큰 걱정은 하지 않아도 된다. 또한 오키나와의 길은 단순하고 차들도 시속 50km 정도로 천천히 달리니 너무 큰 걱정은 하지 말자. 한국은 우회전할 때 따로 신호가 없지만, 오키나와는 직진, 좌회전, 우회전 모두 정확히 신호가 켜진 후에 운행한다는 점만 유의하면 된다.

오키나와 신호등

2. 내비게이션

일본어를 전혀 모른다고 해도 걱정하지 말자. 최근에는 입력, 화면에 표시되는 모든 것이 한국어로 제공되는 ALL-IN-ONE 내비게이션이 장착된 차량이 많고 부분적으로 한국어와 일본어가 섞여 제공되는 내비게이션도 많이 있기 때문. 하지만 한글과 한국어 음성지원이 되지 않더라도 목적지를 찾아가는 데는 크게 어렵지 않다. 오키나와는 숫자와 특수기호로만 이루어져 있는 맵코드로 대부분의 목적지를 모두 찾아갈 수 있기 때문에 내비게이션 지도에 적힌 맵코드 고유번호를 입력하면 해당 장소가 검색되어 일본어를 모르더라도 쉽게 검색이 가능하다.

3 주유소 이용방법

렌터카 차량은 처음에 기름이 가득 채워진 채로 제공받기 때문에 반납할 때도 기름을 가득 채운 후 반납해야 한다. 일본의 휘발유 요금은 우리나라와 비슷한 수준이며, 주유시에는 휘발유와 경유 구분에 주의해야 한다. 일반 주유소 이용시에는 레규라(レギュラー) 또는 만땅 (満タン) 이라고 말하면 가득 채워준다.

기타 주의사항

1) 국제 운전면허증은 발행일로부터 1년간 유효하며, 국제운전면허증을 등록하지 않은 운전자가 운전할 경우 보험처리에 문제가 발생할 수 있으니 렌터카 픽업시 반드시 운전할 모든 사람의 국제운전면허증을 등록하는 것이 좋다.

2) 렌터카 차량 인도 시 렌터카 영업소에서 알려주는 주의사항이나 약관, 보험계약사항 등을 꼼꼼히 살펴본 뒤 이용하는 것이 좋다.

3) 보험 적용 불가 항목에 해당하는 음주운전, 무면허 운전 등은 절대 하지 않는 것이 좋으며 운전 중에 휴대전화 사용은 매우 위험하니 안전한 장소에서 정차한 후 사용하는 것이 좋다.

4) 오키나와에서는 불법 주차 시 한국보다 많은 벌금을 물게 되며 주차 위반 시 벌금은 본인이 부담해야 하니 주의하자.

5) 사고 발생 시에는 반드시 경찰(110번)과 렌터카 영업소에 신고해야 하며 경찰을 부르지 않을 경우에는 보험 처리가 되지 않기 때문에 경찰이 오기 전까지 사고 현장에서 벗어나면 안 된다. 주차(혹은 후진 시), 긁힘 등 자신의 부주의로 일어난 사고 시에도 경찰과 렌터카 영업소에 신고해야 한다.

6) 반드시 안전벨트를 착용하고 안전 운전하도록 하자. 벨트를 착용하지 않고 사고가 난 경우에는 보험 보상이 되지 않는 경우가 있으니 주의할 것.(만 6세 미만 어린이의 경우 카시트 사용 의무화)

렌터카 운전이 힘들거나 부담이 되는 이들을 위한 1일 버스투어

렌터카 없이 여행하는 뚜벅이 여행객들을 위한 버스투어로 북부 1일 버스투어, 반나절 남부투어 등 다양한 투어 상품을 각 여행사에서 운영하고 있다. 출발지, 포함 관광명소, 한국어 가이드 제공 여부 및 관광지 입장료, 와이파이 등의 서비스를 꼼꼼히 따져본 뒤 마음에 드는 투어를 선택하도록 하자.

요금 투어별로 다름

지노투어 www.jinotour.com

점보투어 https://hiphopbus.jumbotours.co.jp/english

세루리안블루 www.cerulean-blue.co.jp/ko

오달 https://odal.co.kr

History
of Okinawa

오키나와 역사 이야기 ...

일본이지만 일본과는 다른 독특한 매력을 지닌 오키나와!

오키나와는 일본의 섬이기는 하지만 일본 본토와는 인종, 언어, 문화적으로 많은 차이가 있다. 그 이유는 15세기 중반부터 약 450년간, 오키나와에는 슈리 성을 중심으로 한 류큐 왕국이라는 독립된 국가가 있었기 때문. 류큐왕국 이전에는 선사시대를 거쳐 북산, 중산, 남산이라는 세 개의 정치적 세력 간에 다툼을 벌이다가 1429년 류큐왕국으로 통일이 됐다. 류큐왕국은 지금의 일본과 중국을 비롯한 필리핀, 태국 등 동남아시아 국가와 적극적으로 교역을 하면서 번영을 누렸다. 역사적으로 중국과 관계가 깊었으며, 류큐왕국의 국왕이 바뀔 때마다 파견되는 중국 황제의 사신 '책봉사'를 대접하기 위해 예능·공예·요리 등 다양한 문화 면에서 독자적인 발전을 이뤘다. 그러나 1591년 현재의 가고시마인 '사츠마'의 침략으로 1606년부터 사츠마의 지배를 받았으며, 1879년 메이지 정부에 의해 일본에 합병, 오키나와 현이 설치되면서 류큐왕국의 역사는 막을 내리게 되었다. 1945년 오키나와 전투로 약 12만 명의 오키나와 주민이 희생되었으며, 제2차 세계대전의 종전과 함께 미국의 지배를 받았다. 이후 미국과 일본의 합의로 1972년 일본에 반환되어 현재에 이르지만 아직까지도 오키나와 사람들은 기지 이전 문제로 일본 정부와 갈등을 겪고 있다. 그후 2000년에 주요국 정상회의 (정상 G8 규슈·오키나와 회담) 등의 국제적 행사를 개최하고, 류큐왕국이 남긴 독자적인 문화유산들은 '류큐왕국의 구스쿠(성) 및 관련 유산군'으로 유네스코 세계 문화 유산에 등재되었다. 류큐왕국은 사라졌지만 아직까지 오키나와에는 찬란했던 류큐왕국의 흔적이 고스란히 남아있으며, 중국, 류큐왕국, 일본의 영향을 받아 탄생한 류큐왕국만의 독자적인 역사와 문화를 가지고 있어 일본 본토와는 다른 독특한 매력을 느낄 수 있다. 지금은 동양의 하와이로 불리며 일본 국내 관광객뿐만 아니라 많은 해외 관광객들을 불러 모으고 있다.

슈리성

슈리성 세이덴

이국적인 남국의 섬!
영화와 드라마 속에 등장한 오키나와!

Movie
in Okinawa

오키나와를 배경으로 한 영화 & 드라마

〈눈물이 주룩주룩 涙そうそう (2007)〉
〈조제, 호랑이 그리고 물고기들〉에서 열연한 꽃미남 배우 츠마부키 사토시 妻夫木聰 와 〈세상의 중심에서 사랑을 외치다〉,
〈바닷마을 다이어리〉의 여주인공으로도 잘 알려진 나가사와 마사미 長澤まさみ 가 나온 작품. 서로 사랑하지만 연인은 될 수 없는,
부모가 다른 남매의 사랑을 그렸다. 나하 시내와 노우렌시장이 영화곳곳에 등장한다. (MAP101 E4)

〈편지 ニライカナイからの手紙 (2005)〉
우리나라에서도 인기 있는 일본 여배우 아오이 유우 蒼井優 가 주인공인 작품으로
어린시절 자신을 두고 도쿄로 떠나는 엄마와 매년 생일마다 엄마에게서 편지를 받으며 자라는 소녀의 성장기를 그렸다.
오키나와 본섬 주변의 작은 섬인 다케토미지마 竹富島가 배경으로 나온다.

류큐무라 - 〈여인의 향기 (2011)〉
2011년 방영된 김선아, 이동욱 주연의 SBS드라마. 담낭암 말기로 6개월 시한부 판정을 받은 여주인공과
그녀를 사랑하게 된 남자의 사랑이야기, 행복한 죽음과 삶에 대한 해답을 찾아가는 여정을 그렸다.
오키나와 중부의 선셋비치, 류큐무라 등이 배경으로 나온다. (MAP186 B1, 208 A4)

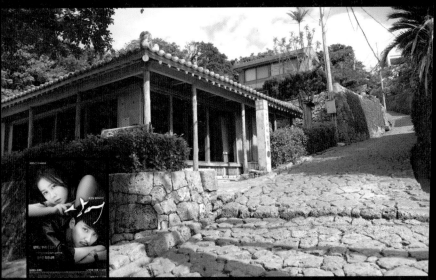

긴조우초 돌다다미길 - 〈상어 (2013)〉
2013년 방영된 손예진, 김남길 주연의 KBS 드라마. 복수를 꿈꾸는 남자와 복수의 대상인 여자의 지독한 사랑과 운명을 그렸다.
오키나와 북부 대표명소인 츄라우미 수족관과 슈리성 근처 돌다다미길이 배경으로 등장한다. (MAP140 A4)

만자모 – 〈괜찮아 사랑이야 (2014)〉

2014년 방영된 공효진, 조인성 주연의 SBS드라마. 조현병(정신분열증)을 앓고 있는 베스트셀러 작가와
그를 돌보는 정신과 의사의 사랑이야기를 담았다. 오키나와 본섬 북부의 만자모와 고우리 섬이 배경으로 나온다. (MAP208 B3)

Cafe
in Okinawa

풍경이 아름다운 BEST 카페

가진호우, 북부(P.242)

야치문킷사 시사엔, 북부(P.246)

카페고쿠 북부(P.245)

무라노차야 북부(P.252)

하마베노차야, 남부(P.180)

카페 쿠루쿠마, 남부(P.179)

Beaches in Okinawa

오키나와 본섬 BEST 비치

세소코 비치 북부(P.230)

에메랄드 비치 북부(P.224)

21세기 숲 비치 북부(P.237)

부세나 비치 북부(P.214)

만자비치 북부 (MAP208 B3)

이케이비치 중부(P.197)

아자마 산산 비치 남부 (P.168)

미바루 비치 남부(P.169)

나하(국제거리 주변)
那覇(国際通り)

오키나와 최대의 번화가, 나하

오키나와 현에서 가장 큰 도시인 나하는 공항에서도 가깝고 모노레일을 이용해 관광을 즐길 수 있는 유일한 곳이다. 관광객들을 유혹하는 각종 기념품점과 레스토랑이 즐비한 국제거리와 천천히 구경하며 산책을 즐기기 좋은 츠보야 도자기거리를 비롯해 450년간 번영했던 류큐왕국의 역사가 깃든 슈리성 공원 등 문화, 역사적 유적지가 많이 모여 있다. 아름다운 해변을 바라보며 휴양을 즐길 수는 없지만, 늦은 밤에도 활기가 넘치는 오키나와의 정치·경제·문화의 중심지임에는 틀림없다.

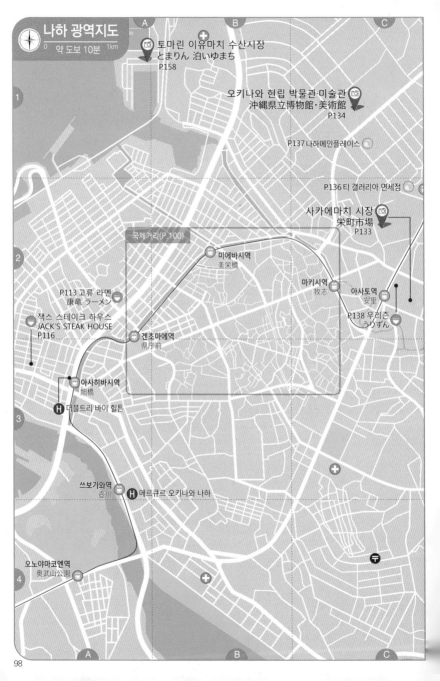

나하 광역지도

0 약 도보 10분 1km

토마린 이유마치 수산시장
とまりん 泊いゆまち
P.158

오키나와 현립 박물관·미술관
沖縄県立博物館·美術館 P.134

P.137 나하메인플레이스

P.136 티 갤러리아 면세점

사카에마치 시장
栄町市場
P.133

국제거리(P.100)

미에바시역
美栄橋

P.113 고류 라멘
康竜 ラーメン

마키시역
牧志

아사토역
安里

잭스 스테이크 하우스
JACK'S STEAK HOUSE
P.116

겐초마에역
県庁前

P.138 우리즌
うりずん

아사히바시역
旭橋

더블트리 바이 힐튼

쓰보가와역
壺川

메르큐르 오키나와 나하

오노야마코엔역
奥武山公園

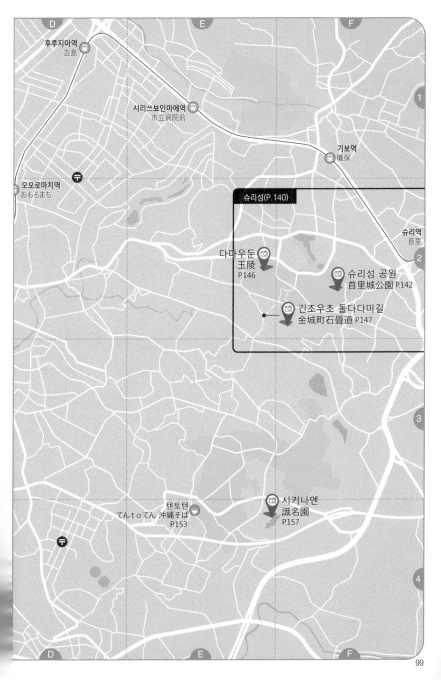

후루지마역
古島

시리쓰뵤인마에역
市立病院前

기보역
儀保

오모로마치역
おもろまち

슈리성(P.140)

슈리역
首里

다마우둔
玉陵
P.146

슈리성 공원
首里城公園 P.142

긴조우초 돌다다미길
金城町石疊道 P.147

텐토텐
てんtoてん 沖縄そば
P.153

시키나엔
識名園
P.157

D   E   F

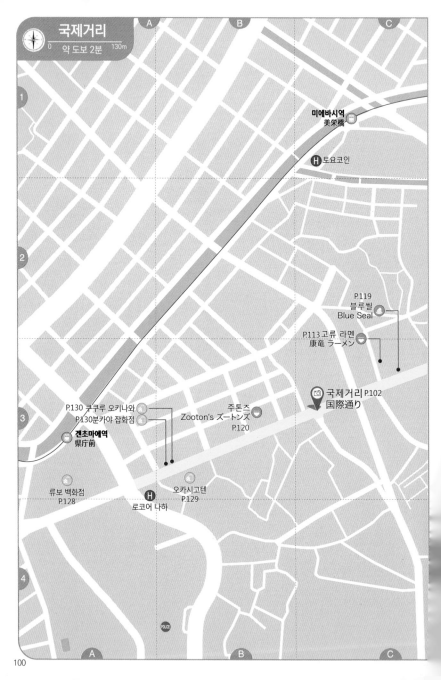

국제거리
약 도보 2분

0 ————— 130m

A   B   C

1

미에바시역
美栄橋

H 토요코인

2

P.119
블루씰
Blue Seal

P.113 고류 라멘
康竜 ラーメン

국제거리 P.102
国際通り

3

P.130 쿠쿠루 오키나와
P.130 분카야 잡화점

주톤즈
Zooton's ズートンズ
P.120

겐초마에역
県庁前

류보 백화점
P.128

H 로코어 나하

오카시고텐
P.129

4

POLICE

A   B   C

단보라멘
暖暮 ラーメン
P.112

P.130
쿠쿠루 오키나와

보라초스
Borrachos
P.120

P.119
에이앤더블유
A&W

마키시역
牧志

P.120
마제멘 마호로바
まぜ麺マホロバ

스타벅스
Starbucks

88 스테이크하우스 P.116
ステーキハウス88 国際通り店

H 호텔 JAL 시티 나하

샘스 레스토랑 - 샘스 세일러 인 P.115
SAM'S SAILOR INN

돈키호테
P.127

슈가하우스
シュガーハウス

포크타마고
ポーたま
P.120

하나가사 식당
花笠食堂
P.107

아카사타나
琉球料理 あかさたな
P.106

마키시 공설시장
第一牧志公設市場
P.105

고야 덴푸라야
呉屋てんぷら屋
P.107

츠보야 도자기 박물관
壺屋焼物博物館
P.104

츠보야 도자기 거리
壺屋やちむん通り
P.103

노우렌시장 P.110
農連市場

국제거리 (고쿠사이도리) 国際通り
관광객들로 북적이는 나하 시내 최대번화가

기념품점, 레스토랑, 호텔 등이 모여 있는 나하 시내 최
대의 번화가. 1945년 폐전 후 가장 빠른 복구작업을 거쳐
탄생한 거리로 '기적의 1마일'이라고도 불린다. 1.6km에 걸친
거리 양 옆으로 오키나와의 특산품을 판매하는 다양한 잡화점과 음식

'헤이와도리 상점가' 입구
점이

늘어서 있으며, 국제 거리 중간에는 아치형 상점가인 '헤이와도리 平和通り'와 오키나와의 부
엌이라고 불리는 재래시장인 '마키시 공설시장'과 '츠보야 도자기 거리' 등이 모여 있어 함께
둘러보기에 좋다. 국제거리 중심가를 벗어나 뒤편으로 한 골목 더 들어가면 잠시 쉬어가기에
좋은 카페들이 들어서 있는 한적한 거리가 나온다. 국제거리 부근은 교통정체가 심하므로 렌
터카보다 모노레일을 이용하는 것이 좋다.

맵 코 드 33 157 277*71 P.100 C-3
구 글 맵 26.214792, 127.683680
홈 페 이 지 www.kokusaidori.net, https://naha-kokusaidori.okinawa
운   영 10:00~20:00 (상점별로 다름)
위   치 모노레일 마키시(牧志)역과 겐초마에(県庁前)역 사이

츠보야 도자기 거리 (야치문도리)
壺屋やちむん通り

300년 역사의 도자기 거리

야치문은 도자기를 뜻하는 오키나와 방언. 국제거리와 마키시 공설시장과 연결되는 곳으로 오키나와 도자기의 본고장이다. 약 300년 전 류큐왕조가 지금의 가고시마에서 조선인 도공을 초청해 츠보야에 가마를 설치하고 도자기를 제작하면서 오키나와 각지에 있던 도공이 모여든 것이 츠보야 도자기 거리 역사의 시작이다. 지금은 대부분의 도공들이 중부지역의 요미탄 도자기마을(P.191)로 이주했지만 오래 전 사용했던 전통가마, 도자기 판매점, 도예체험공방, 갤러리, 카페, 츠보야 도자기 박물관 등이 그 자리를 지키고 있다.

맵 코 드	33 158 009*36 P.101 F-4
구 글 맵	26.212342, 127.692468
운 영	10:00~18:00(매장별로 다름)
입 장 료	무료
위 치	모노레일 마키시(牧志)역에서 도보 10분

츠보야 도자기 박물관 壺屋焼物博物館
오키나와 도자기의 역사를 엿볼 수 있는 곳

오키나와 도자기의 고향인 츠보야 도자기 거리에 위치한 도자기 박물관으로 류큐시대부터 현재에 이르기까지 오키나와 도자기에 대한 자료와 작품들을 만날 수 있다. 도자기 제작에 실제로 사용되었던 전통가마 실물 표본은 물론 민가의 부엌 등을 전시해 놓았으며, 츠보야 도예방식으로 제작된 300여점의 오키나와 도자기가 전시되어 있다. 영상실에서는 츠보야 사람들의 생활을 엿볼 수 있는 자료 등을 전시해 놓았으며, 2층의 상설전시장에서는 박물관 건설부지에서 발굴된 도자기 등을 원 상태로 보존 및 전시하고 있다. 박물관 기념품숍에서는 접시받침, 시사 등 오키나와에서만 구입 가능한 아기자기한 소품을 만날 수 있다. 도자기 박물관에서는 오키나와의 도예에 관한 작품의 전시와 이벤트도 열린다.

맵 코 드	33 158 153*44 P.101 F-4
구 글 맵	26.213861, 127.690514
홈 페 이 지	www.edu.city.naha.okinawa.jp/tsuboya
운 영	10:00~18:00, 월요일 휴관, 12/28~1/4 휴관
입 장 료	일반 350엔, 초등~대학생 무료
위 치	모노레일 마키시(牧志)역에서 도보 10분

마키시 공설시장 第一牧志公設市場

60년 전통의 오키나와 최대 재래시장

'오키나와의 부엌'으로 불리는 오키나와 최대의 재래시장으로 약 700여개의 점포가 들어서 있다. 제 2차 세계대전 후 암시장에서 출발한 공설시장으로 생선, 채소, 과일, 술, 잡화 등 오키나와에서 나고 자라는 다양한 현지 식재료와 토산품 등을 만날 수 있다. 1층에는 생선과 육류, 반찬, 가공식품을 파는 가게가 늘어서 있고, 2층에는 오키나와 요리, 중화요리를 즐길 수 있는 식당가가 있다. 또한 1층에서 생선 등 재료를 구입해서 2층 식당에서 조리를 부탁할 수도 있다. (조리 수수료 있음) 국제거리 중간에 위치해 있어 오가며 들르거나 간단한 먹거리를 해결하기에 좋다.

맵 코 드	33 157 264*63 P.101 E-3
구 글 맵	26.214547, 127.688282
홈 페 이 지	https://kosetsu-ichiba.com
운 영	08:00~21:00 (매장별로 다름)
휴 무	매월 4주 일요일, 설날, 구정, 추석연휴
위 치	국제거리 돈키호테 옆 시장본거리(市場本通り)입구에서 도보 5분

아카사타나 琉球料理 あかさたな
마키시 시장 입구 모퉁이에 위치한 식당 겸 카페로 소바, 챤푸르 등 오키나와의 식재료를 활용한
다양한 오키나와 가정식을 맛볼 수 있다. 영어메뉴 있음.
구글맵 26.214530, 127.687932 / 운영 11:00~19:30 / 런치세트 1100엔~

하나가사 식당 花笠食堂

현지인들은 물론 관광객들이 많이 찾는 오키나와 요리 전문점. 오키나와 소바를 비롯해 다양한 세트요리를 맛볼 수 있다.
세트의 경우 밥과 국, 디저트를 선택해야 한다. 식당 앞에 음식모형이 전시되어 있음. 한글메뉴 있음. 다소 불친절한 편.

구글맵 26.214925, 127.688966 / 운영11:00~14:00, 18:00~19:00, 목요일 휴무 / 예산 800엔~

고야 덴푸라야 呉屋てんぷら屋

큼지막한 참치가 들어가 있는 생선튀김, 우엉튀김, 큰 실말 튀김, 오징어 튀김 등
저렴한 가격에 다양하고 맛있는 튀김요리를 맛볼 수 있다.

구글맵 26.214047, 127.687757 / 운영09:00~18:00 / 개당 70엔~

오키나와에서 만나는 다양한 열대과일 & 채소

일본에서 유일하게 아열대기후를 보이는 섬. 연간 평균 기온이 20도를 넘는 따뜻한 오키나와에서는 대표 열대과일인 파인애플, 망고 등을 비롯해 별 모양의 스타후르츠, 드래곤 후르츠, 섬바나나, 나키진 수박, 패션 후르츠 등 다양한 열대과일을 맛볼 수 있다. 선명한 자색을 띄는 오키나와의 대표 식재료인 자색고구마, 야채로 이용되는 파파야도 빼놓을 수 없는 먹거리이다.

드래곤 후르츠 ドラゴンフルーツ

선인장과에 속하는 과일로 비타민과 미네랄 등이 풍부하고 변비해소에도 효과가 있는 미용 과일. 과육은 흰색과 빨강색이 있고 모두 검은 씨를 포함하고 있다. 손으로도 껍질을 벗겨 먹을 수 있을 만큼 부드럽다. 수분이 많고 시원한 단 맛이 난다.

스타후르츠 スターフルーツ

노란 파프리카 모양의 열대과일로 옆으로 자르면 별 모양처럼 보여 스타후르츠라는 이름이 붙여졌다. 덜 익으면 푸른빛을 띄며 시큼하고 떨떠름한 맛을 내며, 잘 익으면 주황빛 노란색을 띈다. 아삭아삭한 식감과 상큼한 맛으로 샐러드 재료나 생으로 먹는다. 수분이 많고 비타민 C가 풍부하다.

섬바나나 島バナナ

일반 바나나보다는 작고 몽키 바나나보다는 조금 큰 크기의 바나나로 진득진득하고 농후한 단맛이 있는 것이 특징이다. 하지만 단맛을 해치지 않을 정도의 산미가 있어 깔끔한 맛을 즐길 수 있다.

애플망고 アップルマンゴー

빨강과 녹색이 어우러진 사과 같은 모양에서 이름이 붙은 열대과일. 황금색 과육은 수저로 떠 먹을 수 있을 정도로 부드러우며 풍부한 과 즙을 함유하고 있다. 풍부한 비타민과 식이섬 유가 가득하며 미용과 건강에 효과가 있어 주 목 받고 있는 과일 중의 하나 입니다.

파파야 パパイヤ

과일로 유명하지만 오키나와에서는 과일보다 는 숙성되기 전의 파란 파파야를 야채로 이용 하는 것이 일반적이다. 파란 파파야는 채를 썰 면 아삭아삭한 씹는 맛이 좋으며 은은한 향의 단맛이 있어 샐러드의 재료로 활용된다. 파파 야는 단백질을 분해하는 효소가 들어있어 고기 가 들어간 볶음 요리에도 자주 이용된다.

시콰사 シークヮーサー

오키나와에 자생하는 감귤류. 레몬보다 저칼로 리이며 비타민C가 풍부하게 포함되어 있으며, 카로틴, 칼슘, 칼륨 등의 미네랄도 풍부하게 함 유하고 있다. 시콰사 원액을 5~8배의 물로 희 석한 뒤 설탕, 벌꿀 등을 첨가해 마시며, 생선 회, 튀김, 고기, 생선요리 등에도 곁들인다. 아 와모리나 소주에 넣어도 잘 어울린다.

패션후르츠 パッションフルーツ

달달하면서도 톡 쏘는 산미와 상큼한 맛이 매 력인 열대과일. 남국의 강렬한 태양을 가득 받고 자란 오키나와 산 패션후르츠는 주스와 칵테일로 즐겨 마시며, 열매를 반으로 잘라 수저로 과육을 떠 먹기도 한다. 4~8월이 가 장 맛있다.

노우렌시장 農連市場
영화 〈눈물이 주룩주룩〉의 배경이 된 곳

오키나와 현지인들이 찾는 재래시장으로 2006년 개봉한 일본 영화 〈눈물이 주룩주룩〉의 촬영지로 알려져 있다. 영화에서는 남자 주인공 요우타로가 여동생인 카오루의 학비를 벌기 위해서 배달 아르바이트를 하는 곳으로 나온다. 시장에서는 주로 오키나와의 신선한 섬 채소와 과일 등을 판매하고 있으며 오뎅, 오키나와의 전통 도넛인 '사타안다기 サーターアンダギー' 등 간단한 먹거리도 판매한다. 새벽 2시경부터 아주머니들이 채소를 팔기 시작하며 새벽 5~6시쯤에는 피크를 이룬다. 많이 낡고 허름하지만 오키나와 현지인들의 생활상이 궁금하다면 한번 들러보자.

영화 〈눈물이 주룩주룩〉의 포스터

맵 코 드 33 127 689*88 P.101 E-4
구 글 맵 26.210163, 127.689404
운   영 01:00~18:00, 일요일 휴무 (05:00~06:00가 피크), 매장별로 다름
위   치 국제거리 돈키호테 옆 시장본거리(市場本通り) 입구에서 도보 15분

Restaurant

단보라멘 暖暮 ラーメン那覇牧志店

국제거리에 위치한 돈코츠 라멘 맛집

우리나라 여행객들에게 많은 사랑을 받고 있는 돈코
츠 라멘 전문점으로 국제거리에 위치해 있다. 규슈라멘
총선거에서 1위로 입상한 단보라멘의 지점 중 하나로 돼지
뼈를 10시간이상 고아 만든 진한 국물의 돈코츠 라멘을 맛볼 수 있
다. 고기를 좋아한다면 차슈멘 チャーシューメン을, 매운 맛을 선호한다면 레카라멘 烈火ラー
メン 을 주문해보자. 먼저 식권 자판기에서 라멘의 종류와 반숙계란, 교자 등 식권을 뽑은
뒤 직원에게 건네면 한글로 된 선택지를 준다. 선택지에서 면발의 굵기, 쫄깃함 정도, 국물의
농도, 매운 정도, 파의 유무 등의 옵션을 선택하면 된다.

맵 코 드   33 157 621*52   P.101 D-2
구 글 맵   26.217895, 127.687323
홈페이지   www.danbo.jp
운   영   11:00~02:00, 연중무휴
예   산   라멘 780엔~
위   치   모노레일 미에바시 (美栄橋)역에서 도보 5분, 국제거리 내

고류라멘 康竜 ラーメン
현지인들이 즐겨 찾는 라멘 맛집

YAHOO 일본 전국라면 대회에서 오키나와 1위를 수
상한 돈코츠 라멘 맛집으로 양도 푸짐하고 국물 맛도 일
품이다. 국제거리에 위치해 있지만 단보라멘에 비해 관광객
들에게 덜 알려져 있어 비교적 여유롭게 라멘을 즐길 수 있다. 먼
저 자판기에서 원하는 종류의 라멘을 골라 식권을 뽑은 뒤 직원에게 건네면 한국어로 안내된
선택지를 준다. 선택지에서 실파, 버섯, 죽순, 반숙계란, 김, 돼지고기조림, 마늘 튀김 등 4가
지 토핑(무료)과 국물의 농도, 면의 굵기와 익힘정도, 기름기 등을 취향대로 선택한 후 직원에
게 주면 주문 끝. 주방이 훤히 들여다 보이는 바 테이블에 앉아서 먹는다.

맵 코 드   33 157 342*22   P.100 C-3   P.98 A-2
구 글 맵   26.215565, 127.684852
운   영   11:00~03:00(금·토·공휴일 전일~05:00) 연중무휴
예   산   라멘 850엔~
위   치   모노레일 미에바시 (美栄橋)역에서 도보 9분

아메리칸 스타일로 즐기는

오키나와 스테이크 沖縄のステーキ!

오키나와 스테이크?

한 때 미국령이었던 오키나와는 미국에 큰 영향을 받았기 때문에 식문화에도 미국의 흔적이
많이 남아있다. 스테이크 역시 미국의 영향으로 오키나와에 처음 전해진 음식! 그때부터 스
테이크를 먹기 시작했으며 지금도 국제거리를 비롯한 오키나와 곳곳에는 아메리칸 스타일의
두툼한 스테이크를 즐길 수 있는 스테이크 전문점이 많이 있다.
※우리나라에서 먹는 스테이크와 맛은 크게 다르지 않다.

※와규 / 오키나와규 / 이시가키규

오키나와에는 일본 토종 육우를 말하는 와규 和牛를 비롯해 오키나와에서 자라고 기른 오키나
와 소고기인 오키나와규 沖縄和牛, 일본 최남단 섬인 이시가키 섬에서 키운 고급 브랜드 소고
기인 이시가키규 石垣牛 가 있다. 이시가키섬은 온난한 기후, 넓고 푸른 목초지 등 소의 서식
지로 적합한 조건을 가지고 있지만 유통량이 적기 때문에 오키나와 현 내에서도 구하기 힘든
고급 브랜드 종으로 가격대가 비싼 편이다.

샘스 세일러 인 SAM'S SAILOR INN
스테이크와 해산물 철판구이를 맛볼 수 있는 곳

국제 거리에 위치한 대표 철판구이 전문점으로 선보이는
메뉴는 같지만 인테리어의 콘셉트를 달리한 여러 개의 매장을
같이 운영하고 있다. 하와이풍의 샘스 마우이 SAM'S MAUI, 배 안
의 선실처럼 꾸민 샘스 세일러 인 SAM'S SAILOR INN, 조타실을 연상시키는 샘스 앵커인
SAM'S ANKER INN 등이다. 모든 식사에는 수프, 샐러드, 야채구이, 밥 또는 빵이 포함되어
있다. 샐러드가 나오고 나면 바로 눈앞에서 쉐프의 현란한 솜씨로 철판요리가 시작되고, 야
채, 스테이크 등을 차례대로 구운 뒤 접시에 내준다. 음료 주문시 음료를 마시고 난 후 독특한
모양의 컵을 가져갈 수 있다. 맛과 가성비에 따라 호불호가 갈린다.

맵 코 드   33 157 414*30   P.101 E-2
구 글 맵   26.216087, 127.688291
홈페이지   www.sams-okinawa.jp
전화번호   098-918-0808
운   영   11:30~15:00, 17:00~23:00
예   산   2500엔~
위   치   모노레일 마키시(牧志)역에서 도보 7분. 국제거리 내

115

잭스 스테이크 하우스 JACK'S STEAK HOUSE　P.98 A-3

1953년 미군 통치시절 오키나와에서 처음으로 문을 연 스테이크 전문점으로 지금까지도 현지인들의 많은 사랑을 받고 있다.
주문하면 인스턴트 수프와 양배추 샐러드가 딸려 나오고, 스테이크 이외에도 함박스테이크, 타코스 등 다양한 메뉴를 맛볼 수 있다.

맵코드 33 155 087*74 / 구글맵 26.212911, 127.672563 / 홈페이지 www.steak.co.jp / 전화번호 098-868-2408
운영 11:00~22:00, 수요일 휴무 / 예산 1800엔~ / 위치 모노레일 아사히바시(旭橋)역에서 도보 8분

88 스테이크하우스 국제거리점 ステーキハウス88 国際通り店　P.101 E-2

국제거리의 중앙에 위치한 스테이크 전문점. 20여가지 종류의 미국식 스테이크 이외에도
오키나와 현산 최고급 브랜드 소고기인 이시가키규의 최고급 부위와 오키나와의 향토요리도 즐길 수 있다.

맵코드 33 157 445*06 / 구글맵 26.216243, 127.688570 / 홈페이지 www.s88.co.jp / 전화번호 098-866-3760
운영 11:00~23:00, 연중무휴 / 예산 2000엔~ / 위치 국제거리 내

가볍게 즐기는
오키나와스타일 패스트푸드!

타코스 タコス & 타코라이스 タコライス

오키나와 패스트 푸드의 대명사는 햄버거가 아닌 타코스! 타코스는 옥수수 가루 반죽을 철판에 납작하게 구워 토르티야를 만든 뒤, 구운 토르티야에 재료를 넣고 라임즙이나 살사소스를 넣어 먹는 요리를 말한다. 원래 멕시코 음식이지만 미국의 통치 이후 타코스가 오키나와의 일상적인 음식으로 자리 잡았으며 지금까지도 간식으로 많은 사랑을 받고 있다.

타코라이스 (タコライス, 타코스 덮밥) 는 타코스를 응용해 만든 오키나와식 덮밥으로 토르티야 대신 밥 위에 다진 고기와 슬라이스 치즈, 양상추, 토마토 등을 얹은 뒤 매콤한 살사 소스를 곁들여 먹는 음식을 말한다. (보라초스 p.120)

에이앤더블유 A&W 国際通り牧志店 P.101 E-2

1963년 문을 연 일본 최초의 미국 패스트푸드점으로 다양한 햄버거, 샌드위치 등을 판매한다. 특히 이곳에서는 오키나와에서만 맛볼 수 있는 독특한 탄산음료인 '루토비아 ROOT BEER'를 만날 수 있다. 루토비아는 나무의 껍질이나 뿌리 등 약초와 허브, 향신료 등을 혼합해 만든 무알콜 탄산음료로 마치 물파스를 먹는 듯한 느낌이 난다.

맵코드 33 157 474*17 / 구글맵 26.216512, 127.688369 / 홈페이지 www.awok.co.jp
운영 09:00~21:00 / 예산 버거 540엔~ / 위치 모노레일 마키시(牧志)역에서 도보 6분, 국제거리 내

블루씰 아이스크림 BLUE SEAL P.100 C-3

오키나와 곳곳에서 만날 수 있는 아이스크림 전문점으로 오키나와 젊은이들뿐만 아니라 관광객들에게도 인기가 많다. 오키나와의 명물인 베니이모(자색고구마 紅いも), 사탕수수, 바닐라 등 20종 이상의 다양한 아이스크림과 크레페 등을 맛볼 수 있다.

홈페이지 www.blueseal.co.jp / 운영 10:00~22:30 (금토~23:00) / 예산 370엔~ / 위치 국제거리 곳곳

나하 추가 맛집 리스트

마제멘 마호로바 まぜ麺マホロバ

나고야에서 만들어진 국수 요리인 마제소바 전문점. 마제소바(まぜそば)란 일본어로 '섞다'를 뜻하는 '마제루(混ぜる)'와 '소바(そば)'가 합쳐진 말. 메뉴는 오리지날, 치즈 맛이 있고, 취향에 따라 매운맛을 단계별로 고를 수도 있다.

구 글 맵 26.216056, 127.685379 P.101 D-2
홈 페 이 지 https://mazemen-mahoroba.com
운   영 11:30~21:30 (일~21:00)
예   산 식사류 850엔~
위   치 모노레일 미에바시(美栄橋)역에서 도보 8분

보라초스 Borrachos

친절하고 깔끔한 실내에서 멕시칸 요리를 즐길 수 있는 곳. 다양한 소품들로 장식된 가게 내부는 오키나와 속 작은 멕시코를 연상시킨다. 주요 메뉴로는 타코라이스, 퀘사디아, 버팔로 윙, 멕시칸 소바 등이 있으며, 가볍게 맥주를 즐기기에 좋다.

구 글 맵 26.217488, 127.687062 P.101 D-2
홈 페 이 지 https://hightide-okinawa.com/borrachos
운   영 월~목 17:00~03:00, 금·토 ~05:00, 일 ~02:00
예   산 1000엔~
위   치 모노레일 미에바시(美栄橋)역에서 도보 5분

주톤즈 Zooton's ズートンズ

독특한 버거와 함께 맥주를 즐길 수 있는 수제버거 전문점. 내부는 다양한 수집품으로 꾸며져 있다. 주요 메뉴로는 홈메이드 베이컨 에그, 아보카도 베이컨 치즈버거 등을 비롯해 콜라, 쥬스, 커피, 칵테일, 맥주 등 다양한 음료도 즐길 수 있다.

구 글 맵 26.214816, 127.682742 P.100 B-3
운   영 11:00~20:00(일, 화 ~16:00)
예   산 아보카도 베이컨 치즈버거 1380엔~
위   치 모노레일 겐초마에(県庁前)역에서 도보 6분

포크타마고 ポーたま 牧志市場店

마키시 시장(牧志市場)내에 자리한 오니기리 전문점. 스팸, 계란, 시금치, 튀김 등 다양한 재료가 들어가 간단한 식사메뉴로 즐기기에 좋다. 매장 내 자리가 협소해 거의 포장만 가능하다. 주문과 동시에 만들기 시작하기 때문에 대기시간이 오래 걸리는 편이다.

구 글 맵 26.215155, 127.687977 P.101 E-3
홈 페 이 지 http://porktamago.com
운   영 07:00~19:00
예   산 550엔~
위   치 모노레일 미에바시(美栄橋)역에서 도보 10분

오키나와 향토요리

오키나와에서 꼭 먹어봐야 할 오키나와 향토요리!

오키나와에 왔다면 꼭 먹어봐야 할 음식은 단연 오키나와 소바! 하지만 오키나와 소바 이외에도 오키나와 토종 흑돼지 아구를 활용한 요리를 비롯해 두툼한 스테이크, 챤푸르 등 오키나와에서만 맛볼 수 있는 다양한 향토음식이 있다. 큰실말, 바다포도, 두부 등 독특한 식재료들을 활용한 음식이 있다.

오키나와 소바 沖縄そば

오키나와에서 가장 널리 볼 수 있는 대표음식. 오키나와 소바는 100%로 밀가루로 만든 면에 돼지 뼈와 가다랑어, 다시마 등을 우려낸 육수가 기본. 면의 굵기와 구불거림, 육수, 토핑의 재료 등에 따라 지역별로 다양한 소바를 선보인다. 대체적으로 면은 덜 익은 두꺼운 칼국수 면발의 느낌이다.

스테이크 沖縄のステーキ

미국의 지배를 받는 동안 전해진 음식으로 국제거리나 아메리칸 빌리지 등에 스테이크 전문점이 많이 들어서 있다. 일본 토종 육우인 와규 和牛를 비롯해 오키나와 소고기인 오키나와규 沖縄和牛, 이시가키 섬에서 자란 고급 브랜드 소고기인 이시가키규 石垣牛 등을 맛볼 수 있다.

챤푸르 요리 チャンプルー

챤푸르란 오키나와 방언으로 여러 가지 재료를 섞어 볶는다는 뜻. 야채를 중심으로 섬두부, 돼지고기 등 여러 재료를 볶아먹으며 울퉁불퉁한 도깨비 방망이 모양의 고야(우리나라의 여주)를 재료로 한 고야 챤푸르ゴーヤチャンプル와 오키나와 섬두부를 주재료로 한 두부 챤푸르 豆腐チャンプル가 가장 대표적이다.

아구 アグー (오키나와 흑돼지)

제주도에 제주 흑돼지가 있다면 오키나와에는 아구가 있다! 아구는 일반돼지보다 콜레스테롤이 낮고 육질이 부드러워 다양한 요리에 활용된다. 대표요리에는 돼지 귀를 삶아 요리한 미미가 ミミガー, 돼지족발 요리인 테비치 テビチ, 통삼겹살 조림인 라후테 ラフテー, 아구 샤브샤브 アグー豚のしゃぶしゃぶ 등이 있다.

큰실말 (모즈쿠 もずく)

해조에 붙어 자라는 해조류로 제철은 4월에서 6월이다. 일본에서 소비하고 있는 모즈쿠의 대부분이 양식이며, 약 90%가 오키나와산이다. 모즈쿠는 식물섬유, 미네랄, 철분이 풍부하며 각종 아미노산이 포함된 웰빙 식재료이다. 주로 초간장으로 먹으며, 된장국, 오차즈케, 튀김 등으로도 먹는다.

바다포도 (우미부도 海ぶどう)

마치 청포도를 축소해 놓은 듯한 보양의 해조류로 저칼로리에 미네랄이 풍부하여 바다의 장수초로 불린다. 톡톡 터지는 식감이 입맛을 돋궈주며 바다의 향기가 입안 가득 퍼진다. 생선회에 많이 곁들여 먹으며 식초와 간장을 찍어 먹거나 덮밥, 샐러드, 국수 등에 이용된다.

고야 (ゴーヤー)

오키나와를 대표하는 여름 야채로 입 맛을 당기는 독특한 쓴 맛이 특징. 비타민C가 풍부하며 열을 가해도 쉽게 손실되지 않아 여러 요리에 이용되고 있다. 고야를 넣고 볶은 고야 챤푸르가 대표적이며, 튀김, 무침, 찜요리, 절임반찬 등에도 다양하게 이용되고 있다. 고야맛 음료수도 있다.

오키나와 명물음식

오키나와에 왔다면 오키나와 소바, 흑돼지, 오키나와 향토요리 말고도 먹을 게 또 있다. 메인 요리로 한껏 배를 채웠다면 이제 사이드 메뉴를 맛볼 차례! 출출함을 달래줄 간식에서, 한낮의 무더위를 식혀줄 아이스크림, 남국의 밤을 더욱 빛내줄 알코올까지 만나보자.

오리온 맥주 ORION BEER オリオンビール

오키나와 대표맥주로 오키나와 현에서 가장 높은 시장 점유율을 자랑한다. 물이 좋기로 유명한 오키나와 북부의 나고시에 공장(P.240)을 두고 있다. 오리온 맥주라는 브랜드 명은 오키나와 현민을 대상으로 공모전에서 선정된 이름이라고.

류큐아와모리 琉球泡盛

오키나와의 전통소주. 태국 쌀로 빚은 증류주로 검은 누룩 곰팡이로 만든 쌀누룩에 물과 효모 등을 첨가해 발효시켜 만든다. 도수는 20~40도로 다양하며, 3년이상 숙성되면 풍미가 더욱 좋아진다. 저장 년도가 길어질수록 숙성도가 높아져 더욱 향기롭고 깊고 부드러운 맛을 즐길 수 있다.

루토비아 ROOT BEER

미국에서 탄생한 무알콜 탄산음료로 약초와 허브, 향신료 등을 이용하여 만들어 독특한 맛을 낸다. 오키나와 곳곳에 위치한 에이앤 더블유 A&W에서 맛볼 수 있으며 마치 시원한 물파스?를 먹는 듯한 느낌이다.

부쿠부쿠차 ぶくぶく茶

류큐왕국 시절 귀족들이 즐기던 오키나와 전통차로 은은하게 퍼지는 향과 카푸치노처럼 풍부한 거품이 매력이다. 쟈스민차와 전차(煎茶)를 넣은 차에 볶은 쌀을 쪄서 만든 거품을 얹은 후, 거품 위에 으깬 땅콩을 추가하여 완성한다.

사타안다기 サーターアンダギー

오키나와 간식의 대표주자. 밀가루, 계란, 설탕으로 만든 도너츠 모양의 튀김과자로 흑깨와 자색 고구마 등으로 반죽한 것도 있다. 작은 주먹만한 크기로 출출할 때나 드라이브 시 간식으로 적당하다. 만자모 매점에서도 판매한다.

베니이모 타르트 紅いもタルト

오키나와 대표 특산품. 요미탄손의 특산물인 베니이모(紅いも 자색 고구마)를 이용해 만든 타르트로 오키나와의 명물간식 중 하나이다. 개수 별로 깔끔하게 개별 포장되어 있어 기념품이나 선물용으로도 인기. 오키나와 특산품 판매점에서 만날 수 있다.

블루씰 아이스크림 BLUE SEAL ICECREAM

1948년부터 오키나와 사람들의 사랑을 받고 있는 아이스크림 전문점. 오키나와에서만 만날 수 있으며, 오키나와의 명물인 자색고구마로 만든 베니이모, 사탕수수, 바닐라, 스트로베리 등 20종 이상의 다양한 아이스크림과 크레페 등을 맛볼 수 있다.

Shopping

돈키호테 국제거리점
ドンキホーテ 国際通り店

국제거리에 위치한 대형 생활 잡화점

각종 생활용품은 물론 화장품, 의약품, 생활잡화, 먹거리 등 없는 게 없을 정도로 다양한 상품을 취급하는 대형 할인매장. 저렴한 가격과 다양한 상품구성으로 현지인은 물론 관광객들에게도 매우 인기가 높다. 돈키호테에서 많이 사오는 아이템으로는 녹차 맛 키캣 초콜릿, 가볍게 즐길 수 있는 과일주인 호로요이 ほろよい 등이 있다. 특히 국제거리점은 24시간 연중무휴로 영업하기 때문에 한국으로 돌아가기 전 선물이나 기념품 쇼핑을 즐기기에 좋다. 국제거리점 이외에도 오키나와에 3개의 돈키호테 지점이 더 있다.

맵 코 드	33 157 412*77　P.101 E-3
구 글 맵	26.215887, 127.687827
홈페이지	www.donki.com
전화번호	098-951-2311
운　　영	24시간영업, 연중무휴
위　　치	모노레일 마키시(牧志)역에서 도보 7분. 국제거리 내

류보 백화점 リウボウ RYUBO
60년 전통의 오키나와 토종 백화점

의류잡화를 비롯해 화장품, 생활필수품, 식품 등을 한자리
에서 만날 수 있는 오키나와 제일의 백화점으로 오키나와의
20~30대 여성들이 즐겨 찾는다. 특히 1층에는 나가사키 3대
카스텔라 전문점 중 하나인 분메이도 文明堂, 후쿠샤야 福砂屋, 나이
테빵으로 유명한 독일식 케이크 전문 베이커리 유하임 ユーハイム 등을 비롯해 일본 전국 유
명 화과자점이 입점되어 있다. 7층에는 타워레코드와 서점 리브로가, 8층에는 우리나라 여행
객들이 좋아하는 인테리어 소품 및 생활잡화점인 프랑프랑 Francfranc, 무인양품 MUJI 등
의 매장이 들어서 있다.

맵 코 드 33 156 172*06 P.100 A-3
구 글 맵 26.213740, 127.679343
홈 페 이 지 https://ryubo.jp
전 화 번 호 098-867-1711
운   영 10:00~20:30(1~2층은 ~21:00), 부정기 휴무, 1월 1일, 추석 휴무
위   치 모노레일 겐초마에(県庁前)역에서 도보 1분. 백화점 2층과 연결

오카시고텐 御菓子御殿 国際通り松尾店
오키나와의 특산품을 한 곳에 모아놓은 곳

국제거리 서쪽 화려한 외관이 눈에 띄는 이 곳은 슈리
성을 모델로 한 오키나와 특산품 매장. 류큐왕조의 문화
가 느껴지는 넓은 가게 안으로 들어가면 요미탄손의 특산
물인 베니이모(紅いも 자색 고구마)를 사용한 타르트와 만쥬 등
다양한 과자들을 만날 수 있다. 또한 류큐 유리와 아와모리, 시콰사, 흑당 등 과자 이외의 기
념품도 준비되어 있어 오키나와 특산품 쇼핑을 즐기기에 좋다. 매장 내에 베니이모 타르트 생
산라인이 병설되어 있어 유리너머로 베니이모의 생산과정도 볼 수 있으며 시식 후 구매가 가
능하다. 2층에는 오키나와의 전통요리를 맛볼 수 있는 식당이 들어서 있다.

맵 코 드   33 157 150*88   P.100 B-3
구 글 맵   26.213771, 127.681576
홈 페 이 지   https://okashigoten.co.jp
전화번호   098-862-0334
운   영   09:00~22:00
위   치   국제거리 내

쿠쿠루 오키나와 KUKURU OKINAWA   P.100 B-3   P.101 E-2

티셔츠, 손수건, 가방, 부채, 스마트폰 케이스 등 오키나와풍의 분위기가 물씬 풍기는 다양한 제품을 만날 수 있는 곳.
오키나와 전통나염기법인 빈가타 염색으로 만들어 화려하고 선명하다. 국제거리에만 3개의 매장이 있다.

구글맵 26.214022, 127.681263 / 운영 09:00~22:00, 연중무휴 / 위치 국제거리 내

오키나와 분카야 잡화점 OKINAWA文化屋雑貨店 久茂地店   P.100 B-3

거대한 상어가 눈길을 끄는 곳. 온갖 잡다한 상품을 모아놓은 만물상으로 구경하는 재미가 쏠쏠하다. 오키나와 전통인형에서부터
일본 애니메이션 캐릭터와 디즈니 캐릭터는 물론 오키나와 전통먹거리, 화장품, 아와모리, 정체불명의 과자 등을 만날 수 있다.

구글맵 26.214022, 127.681150 / 운영 09:00~21:00, 연중무휴 / 위치 국제거리 내

나하
(아사토 · 오모로마치 주변)
安里·おもろまち

사카에마치 시장 栄町市場
70년 역사의 소박한 전통시장

모노레일 아사토 역 근처에 위치한 자그마한 전통시장으로
70년이 넘는 역사를 자랑한다. 미로처럼 복잡한 좁은 골목을 따라
오뎅, 튀김, 만두 등 길거리 음식을 비롯해 커피, 꼬치구이, 화장품, 의류 등을 판매하는 다양한 상점이 들어서 있다. 그 중에서도 중국식 만두인 소룡포(샤오룽바오 小籠包), 물만두, 군만두 등을 맛볼 수 있는 벤리야 べんり屋 玉玲瓏 를 비롯해 2014년 전일본 커피대회 배전부문 전국 3회 입상이라는 경력을 지닌 사장님이 직접 로스팅한 향긋한 원두커피를 200엔대에 맛볼 수 있는 커피 포토호토 COFFEE potohoto 등이 유명하다. 이자카야 등도 여러 개 들어서 있어 저녁이 되면 꼬치구이와 튀김 등 저렴한 안주를 즐기려는 현지인들이 즐겨 찾는다.

맵 코 드   33 158 564*77   P.98 C-2
구 글 맵   26.217266, 127.696744
홈 페 이 지   https://sakaemachi.okinawa
운   영   13:00~17:00(토·일 휴무), 커피숍 10:00~18:00, 음식점 15:00~24:00
          (매장별로 다름)
위   치   모노레일 아사토(安里)역에서 도보 5분

오키나와 현립 박물관·미술관
沖縄県立博物館·美術館

오키나와의 역사, 문화, 예술을 한 곳에 모아놓은 곳

나하메인플레이스 바로 옆에 위치한 박물관·미술관으로 류큐 왕
조의 성인 슈리성곽을 현대적으로 재해석한 새하얀 외관이 돋보인다. 건물은 지상 4층, 지하
1층으로 박물관과 미술관은 건물 내부에서 연결되지만 입장료는 별개이다. 박물관에서는 오
키나와의 역사와 문화를 소개하고 있으며, 자연사, 고고학, 미술 공예, 민속 등 5개 부문 전시
실과 야외 전시실이 마련되어 있다. 미술관에서는 오키나와 현 예술가들의 작품뿐만 아니라
해외 아티스트들의 작품을 전시하고 있으며 회화, 조각, 건축, 공예, 서예, 문학, 음악, 무용
등 다방면에 걸쳐 소개하고 있다. 2층에는 뮤지엄숍과 카페 공간이 마련되어 있다.

맵 코 드   33 188 734*60   P.98 C-1
구 글 맵   26.227295, 127.693838
홈 페 이 지   www.museums.pref.okinawa.jp
운   영   09:00~18:00 (금토~20:00), 월요일 휴관(공휴일일 경우 다음날 휴관),
         12/29~1/3 휴관
입 장 료   박물관 530엔, 미술관 400엔
위   치   모노레일 오모로마치(おもろまち)역에서 도보 10분

Shopping

Restaurant

티 갤러리아 면세점
T Galleria By DFS, Okinawa

면세점 쇼핑과 렌터카 픽업을 동시에

나하 도심에 위치한 일본 최대 규모 도심 면세점으로 모노
레일 오모로마치 역과 연결되어 편리하게 이용할 수 있다. 의
류, 신발, 가방, 시계, 화장품, 선글라스 등 80개 이상의 세계적인 명
품브랜드 숍이 입점되어 있으며, 류큐유리, 아와모리 등 오키나와의 특산품도 판매하고 있어
귀국 전 쇼핑을 즐기기에 좋다. 또한 나하공항까지 모노레일로 20분밖에 걸리지 않는데다 같
은 건물에 도요타, 닛산 등 여러 회사의 렌터카 카운터가 모여 있어 렌터카를 픽업하거나 반
환하러 들렀다가 면세점 쇼핑까지 즐길 수 있어 더욱 편리하다.

맵 코 드	33 188 239*71 P.98 C-2
구 글 맵	26.222577, 127.698113
홈 페 이 지	www.dfs.com/en/okinawa
전 화 번 호	0120-782-460
운 영	09:00~21:00(금토일 ~22:00)
위 치	모노레일 오모로마치(おもろまち)역과 연결

나하메인플레이스
Naha Main Place 那覇メインプレイス

현지인들이 즐겨 찾는 대형 쇼핑센터

T 갤러리아 면세점 바로 옆에 위치한 대형 쇼핑센터로
여행자들보다는 현지인들이 즐겨 찾는다. 일본 로컬 패션
잡화 브랜드를 비롯해 전자제품, 대형 영화관, 카페, 레스토랑
등 70여 개의 매장이 한곳에 모여 있다. 또한 늦은 시간까지 영업하는
데다 대형 슈퍼마켓과 드럭스토어 등이 들어서 있어 귀국 전 식료품, 기념품, 화장품 등을 구매하기에 좋다. 주요 매장으로는 ABC마트, 무인양품, 생활 잡화점 100엔숍, 쓰리 코인즈 3 Coins, 핸즈 HANDS, 애프터눈 티 리빙 등을 비롯해 양말 전문점 쿠츠시타야 靴下屋, 키티로 유명한 캐릭터 잡화점 산리오 기프트 게이트 Sanrio gift gate 등이 있다.

※구매 당일 품목에 한하여 면세혜택을 누릴 수 있으니 매장 내 비치된 면세가능조건을 잘 참고해두자.

맵 코 드	33 188 559*88 P.98 C-1
구 글 맵	26.225738, 127.695174
홈 페 이 지	www.san-a.co.jp/nahamainplace
운 영	09:00~23:00 (매장별로 다름)
위 치	모노레일 오모로마치(おもろまち)역에서 도보 6분

우리즌 うりずん
오키나와 요리를 즐길 수 있는 이자카야

1972년 문을 연 오키나와 요리 전문 식당 겸 이자카야로 오
키나와 현지 술 애호가들이 즐겨 찾는다. 오키나와 서민 요리에서
류큐 궁중요리까지 맛볼 수 있으며, 다양한 안주는 물론 오키나와 전통주인 아와모리도 즐길
수 있다. 대표메뉴는 오키나와 고로케인 도루텐, 고야 챤푸르, 지마미 두부 등이며, 다양한 오
키나와 명물 음식을 한꺼번에 맛볼 수 있는 우리즌 정식도 있다. 메뉴판에 음식사진이 있으니
사진을 보고 원하는 음식을 고르면 된다. 단 식당 내부 조명이 어둡고 담배 연기가 자욱하니
어린이를 동반한 가족 여행객들에게는 비추! 현지인들이 많이 찾는 가게라 일본어 소통이 어
려운 관광객들은 이용이 불편할 수 있다. 식당은 1관과 2관으로 운영.

맵 코 드   33 158 564*52   P.98 C-2
구 글 맵   26.217328, 127.696487
전화번호   098-885-2178
운   영   17:30~24:00, 연중무휴
예   산   일품 600엔~, 자릿세 있음
위   치   모노레일 아사토 (安里) 역에서 도보 3분

나하(슈리성 주변)
首里城

A B C

1

2

류탄

소노향 우타키 석문

베자이텐도

다마우둔
玉陵
P.146

슈레이몬

간카이 문

즈이센문

류히

호신문

슈리성 공원
首里城公園
P.142

세이덴

3

긴조우초 돌다다미길
金城町石畳道
P.147

4

수이둔치
首里殿内
P.153

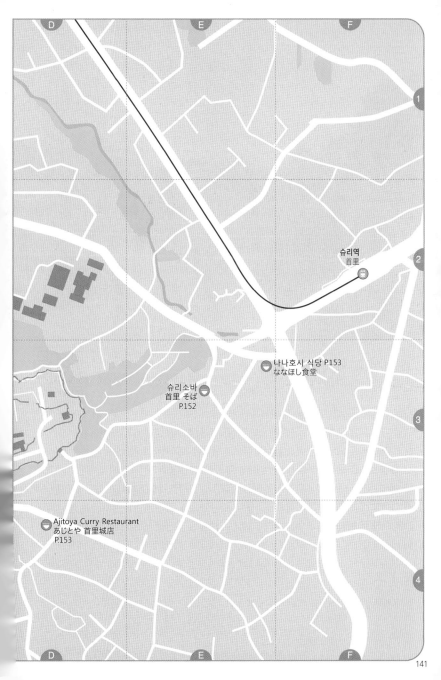

슈리역
首里

나나호시 식당 P.153
ななほし食堂

슈리소바
首里 そば
P.152

Ajitoya Curry Restaurant
あじとや 首里城店
P.153

141

슈리성 공원 首里城公園

오키나와의 상징이자 류큐왕국의 역사가 깃든 곳

나하 시내가 내려다보이는 언덕 위에 있는 성으로 14세기 중엽부터 19세기까지 약 450년간 번영했던 류큐왕국의 정치·외교·문화의 중심지 역할을 해온 류큐왕국의 상징이자 역대 국왕들의 거성이다. 14세기 중국과 류큐의 문화가 융합된 독특한 건축양식으로 탄생한 슈리성은 1945년 오키나와 전투로 완전히 소실되었으나, 1992년에 슈리성 공원으로 복원되어 2000년 세계문화유산으로 등재되었다. 슈리성 정문인 슈레이몬, 소노향 우타키 석문, 슈리성의 핵심 건축물인 세이덴, 나하 시내를 조망할 수 있는 전망대, 공원 주변의 운치 있는 돌다다미길 등이 가장 큰 볼거리이다. 하지만, 안타깝게도 2019년 슈리성 대화재로 주요 건물이 소실되어 복원공사가 한창 진행 중이다. *슈리성 일대는 비탈과 돌계단길이 많고, 비 오는 날에는 길이 미끄러우니 되도록 편안한 신발을 신고 가는 것이 좋다.

맵 코 드   33 161 526*71   P.99 F-2   P.140-141
구 글 맵   26.217023, 127.719507
홈페이지   https://oki-park.jp/shurijo/kr
운   영   08:30~19:00(7~9월 ~20:00, 12~3월 ~18:00), 매년 7월1주 수목요일은 유지보수로 휴무
입 장 료   무료입장, 일부 구역 유료입장(일반 400엔, 중고등학생 300엔, 초중학생 160엔)
위   치   모노레일 슈리(首里)역에서 도보 15분

-슈레이몬 (수례문 守礼門)

슈리성의 정문으로 일본의 2000엔짜리 지폐에 그려져 있는 건축물로도 유명하다. 1555년에 처음으로 건립되어 1933년에 국보로 지정되었지만 오키나와 전쟁 때 파괴되었으며, 현재의 문은 1958년에 복원된 것이다. 현판에는 '예절을 중시하는 나라(수례지방(守禮之邦)'라는 한자가 적혀있다.

-소노향 우타키 석문 (원비옥무어악석문 園比屋武御嶽石門)

1519년 류큐 석회암으로 만들어진 대표적인 석조 건조물. 왕가의 숭배장소로 사용되었으며 국왕이 외출시 무사평안을 기원하던 곳이기도 하다. 1933년 국보에 지정되었지만 오키나와 전쟁으로 일부가 파괴되어 1957년에 복원되었다. 2000년 세계유산에 등재되었다.

-간카이 문 (환회문 歓会門)

슈리성 성곽으로 들어가는 들어가는 첫 번째 정문. 간카이 歓会는 ' 환영한다'는 뜻으로 중국에서 오는 사신이나 책봉사들을 환영한다는 뜻으로 이름을 지었다고 한다. 1477~1500년경 만들어졌으나 오키나와 전쟁으로 소실되어 1974년에 복원되었다.

-로우코우문 (누각문 漏刻門)

슈리성 제3문. 로우코쿠 漏刻 는 중국어로 물시계라는 뜻으로 누각 위에 물시계 역할을 하는 수조가 있어 붙은 이름이다. 이곳에서 시간을 측정해 북을 치면 동쪽과 서쪽의 망루에서 이 북소리를 듣고 큰 종을 쳐 슈리성 안팎에 있는 사람들에게 시각을 알렸다고 한다.

-세이덴 (정전 正殿)

류큐왕국의 상징이자 류큐왕국 최대의 목조 건축물. 역대 류큐왕조
의 국왕들이 머물며 정사를 보던 곳이다. 중국과 일본의 문화가 융합
되어 독자적인 건축양식으로 탄생하였으며 선명한 주홍색 외관과 사
자, 황금용 등 화려하고 아름다운 조각장식으로 유명하다.

도모야 만국진량의 종 万国津梁の鐘

본래 정전 앞에 걸려있던 종으로 지금의 종은 복제품. 1458년 주조
된 진품은 오기니외 현립박물관에 소장되어 있으며 일본 중요문화재
로 지정되어 있다. 종에는 '류큐는 조선, 중국, 일본 등 세상 모든 나
라를 잇는 가교(만국진량 万国津梁)라는 뜻의 명문이 새겨져 있다.

-류히 (용통 龍樋)

슈리성의 수원 중 하나로 왕궁의 음료수로 사용되었
다. 류히 龍樋 란 용의 입에서 물이 뿜어져 나오는 송
수관이라는 뜻이며 우물의 용 조각은 1523년에 중국
에서 가져온 것이라고 한다.

-류탄 (용담 龍潭)

슈리성 공원 북쪽에 위치한 인공연못으로 수면에 비
친 풍경이 아름답기로 유명하다. 1427년 중국 조경
기술의 영향을 받아 조성되었으며 류큐왕조 시대에는
책봉사나 사신 방문시 배를 띄우고 수면에 비치는 슈
리성의 모습을 감상하며 연회를 즐겼다고 한다.

다마우둔 (옥릉) 玉陵

류큐왕국의 역대 왕들이 잠들어 있는 능묘

1501년 쇼신왕(尚真王)이 선왕을 위해 지은 왕실릉으로 거대한 석조로 되어 있으며 크게 중실, 동실, 서실로 나뉜다. 류큐왕국에서는 장례를 치른 뒤 중실에 시신을 그대로 안치한 다음, 몇 년 후 유골을 깨끗이 닦아 유골 항아리에 담아 왕과 왕비는 동실에, 그 밖의 왕족은 서실에 안치했다고 한다. 다마우둔은 류큐왕국의 역사를 담은 석조 기념물로 중요 문화재로 지정되었으며 2000년 12월 세계문화유산에 등재되었다. 묘실 앞의 돌 난간(欄干)에는 슈리성의 장식에도 사용되고 있는 용, 봉황과 같은 동물이 새겨져 있으며, 국왕과 왕비의 묘실 양쪽 기둥에는 2마리의 돌 사자가 놓여 있다. 다마우둔 비문에 새겨진 류큐의 독특한 문양과 문자는 역사 자료로서 높이 평가되고 있다.

맵 코 드   33 160 659* 41   P.140 A-2
구 글 맵   26.218323, 127.714749
운   영   09:00~18:00 연중무휴
입 장 료   일반 300엔, 중학생이하 150엔
위   치   슈리성입구 도보 5분

긴조우초 돌다다미길 金城町石畳道
류큐의 옛 정취가 느껴지는 돌다다미길

슈리성 남쪽에 위치한 산책길로 '일본의 아름다운 길 100선'으로 꼽힐 만큼 류큐왕국의 예스러운 정취가 그대로 남아있어 연인들은 물론 관광객들에게도 사랑받고 있다. 좁은 골목길을 따라 늘어서 있는 돌담과 돌 틈 사이로 보이는 푸른 이끼와 곰팡이, 담장 곳곳의 고양이, 주황색 지붕의 민가와 악귀를 물리쳐준다는 오키나와의 상징 시사가 정취를 더해준다. 16세기 초 류큐왕국 시절에는 총길이가 10km에 달할 만큼 긴 길이었지만 오키나와 전쟁 때 대부분이 파괴되고 지금은 약 300m 정도의 돌바닥길만 남아있다. 슈리성 관광을 마치고 시간적 여유가 있다면 한번 들러보자. 돌다다미길은 바닥이 반들반들해 비 오는 날에는 미끄러우니 주의하자. 돌다다미 중간쯤에는 드라마 〈상어〉의 촬영지였던 기와지붕 모양의 무료 휴게소인 가나구시쿠무라야 金城村屋 가 있다.

맵 코 드   33 161 391*41   P.140 A-4
구 글 맵   26.216094, 127.715306
위   치   모노레일 슈리(首里)역에서 도보 25분

450년간 번영했던 류큐왕국의 역사가 깃든 곳!
오키나와 세계문화유산 탐방!

오키나와 세계문화유산

오키나와에는 15세기 중반부터 약 450년간, 슈리성을 중심으로 한 류큐왕국이 존재했다.
류큐왕국은 지금의 일본과 중국을 비롯한 필리핀, 태국 등 동남 아시아 국가와 적극적으
로 교역을 하면서 번영을 누렸다. 아시아와 일본의 영향을 받으면서도 독자적으로 발전한
류큐왕국의 신앙과 문화, 건축물 등 관련 유산은 역사적 중요성을 인정받아 '류큐왕국의
구스쿠(성) 및 관련 유산'으로 2000년 12월 유네스코 세계 문화유산에 등재되었다.

슈리성터 首里城跡 나하(P.142)

다마우둔 玉陵 나하(P.146)

시키나엔 識名園 나하(P.157)

세화우타키 斎場御嶽 남부(P.166)

나카구스쿠성터 中城城跡 중부(P.201)

가츠렌성터 勝連城跡 중부(P.195)

자키미성터 座喜味城跡 중부(P.190)

나키진성터 今帰仁城跡 북부 (P.231)

Restaurant

텐토텐 てんとてん 沖縄そば

나하를 대표하는 오키나와 소바 전문점

조용한 주택가에 위치한 소바 전문점으로 담쟁이 덩굴에
얽혀 있는 외관이 독특하다. 가정집을 개조해 만든 실내로 들
어서면 클래식 풍의 음악과 창 너머로 보이는 정원, 벽면 곳곳에 걸린 그림 등으로 장식한 인
테리어가 운치를 더한다. 특히 이 집은 다른 소바집과 달리 잿물(목회 木灰)로 면을 반죽해 면
발이 탱탱하다는 점이 가장 큰 특징! 쫄깃하고 탱탱한 면발이 가다랑어로 우려낸 담백한 국물
과 어우러져 감칠맛을 낸다. 대표메뉴는 오키나와 소바이며, 소바와 밥, 디저트가 같이 나오
는 세트메뉴도 있다. 디저트로는 거품차인 부쿠부쿠차도 있다. 영어메뉴 있음.

※전봇대와 식당 입구에 ㅈてんとてん이라고 적힌 작은 간판을 잘 찾아보자. 식당이 비탈에 위치해
있어 위험하니 전용 주차장에 주차하도록 하자.

맵 코 드	33 130 072*47　P.99 E-4
구 글 맵	26.204669, 127.710030
전화번호	098-853-1060
운　　영	11:30~14:00(마지막 주문은 15:00까지), 토·일·월요일 휴무
예　　산	오키나와 소바 650엔, 세트 1100엔, 부쿠부쿠차 540엔
위　　치	나하 시내에서 차로 15분. 시키나엔에서 도보 10분

슈리소바 首里 そば

슈리역 근처 유명 소바전문점

현지인들은 물론 관광객들도 즐겨 찾는 오키나와 소바 전문점으로 슈리성 근처에 위치한데다 점심시간에만 한정수량으로 판매하기 때문에 언제 찾아도 긴 줄이 늘어서 있다. 대표메뉴는 커다란 삼겹살 토핑과 어묵이 올려져 나오는 오키나와 소바로 양에 따라 대중소로 나뉘며 오키나와 영양밥인 쥬시ジューシー도 인기 있다. 가다랑어와 돼지 뼈를 오랜 시간 우려낸 깔끔하고 시원한 국물과 부드러운 고기가 일품이지만, 면발이 굵고 찰기가 없어 다소 덜 익은 듯한 칼국수 면발을 연상시키기 때문에 쫄깃한 면발을 기대한 이들에게는 호불호가 갈릴 수도 있다. 오픈 시간 이전에 가면 대기시간을 줄일 수 있다.

맵 코 드	33 161 569*22 P.141 E-3
구 글 맵	26.217512, 127.722873
홈 페 이 지	shurisoba.shop-pro.jp
전 화 번 호	098-884-0556
운 영	11:30~14:00(재료소진시 영업종료), 목·일·공휴일 휴무
예 산	소바 대 600엔, 쥬시 200엔
위 치	모노레일 슈리(首里)역 1번 출구에서 도보 5분

슈리성 주변 추가 맛집 리스트

수이둔치 首里殿内

오키나와 전통 요리 전문점. 전통 오키나와 전통 가옥을 현대적으로 리모델링한 곳으로 정원, 연못 등이 분위기를 한층 돋운 실내에서 식사를 즐길 수 있다. 고야 찬푸르, 돈가츠, 샤브샤브, 함박스테이크 등 다양한 메뉴를 선보인다.

구 글 맵	26.214470, 127.714261	P.140 A-4
홈페이지	https://omorokikaku.com	
운 영	11:00~15:00, 17:00~24:00, 연중무휴	
예 산	삼겹살 샤브 2530엔	
위 치	모노레일 슈리(首里)역에서 차량으로 8분 (긴조우초 돌다다미길 주변)	

나나호시 식당 ななほし食堂

오키나와 가정식 백반을 즐길 수 있는 곳. 특히 두부를 이용한 메뉴와 오키나와 소바, 오키나와식 볶음인 찬푸르를 다양하게 즐길 수 있다. 돈가츠, 오므라이스, 튀김, 야키소바, 마파두부 등의 메뉴도 있다. 음식사진이 들어간 메뉴판 있음.

구 글 맵	26.217841, 127.724032	P.141 E-3
운 영	11:30~15:00, 토·일요일 휴무	
예 산	정식 680엔~	
위 치	모노레일 슈리(首里)역에서 도보 4분	

소바 도코로 스마누메 すーまぬめぇ

오래된 민가의 정취를 느끼며 오키나와 소바를 즐길 수 있는 곳. 깊으면서도 깔끔한 맛이지만, 국물 특유의 향이 있어서 개인별로 호불호가 갈릴 수 있다. 살짝 느끼하다면 테이블에 마련 고추 식초를 넣어서 먹어보자. 주차장이 가게와 거리가 좀 있는 편이다.

구 글 맵	26.196235, 127.702688
운 영	11:00~16:00
예 산	소바 800엔~
위 치	시키나엔 (識名園)에서 차량으로 7분

Ajitoya Curry Restaurant あじとや 首里城店

다양한 수프 카레를 즐길 수 있는 곳으로 현지인들이 많이 찾는다. 카레 위에 올라가는 토핑은 그릴드 치킨, 베이컨, 오키나와식 돼지고기, 치즈, 브로콜리, 가지 등 입맛에 따라 추가로 주문할 수 있다. 수프의 매운맛을 단계별로 선택할 수도 있다. 주차 공간 협소.

구 글 맵	26.215568, 127.720201	P.141 D-4
홈페이지	https://ajitoya.net	
운 영	11:00~15:00, 토·일 디너 17:30~20:00 월별 오픈 시간 변경 홈피 참조	
예 산	1000엔~	
위 치	모노레일 슈리(首里)역에서 도보 11분	

오키나와 사람들의 소울푸드
오키나와 소바 沖縄そば!

오키나와 소바 沖縄そば

오키나와 소바는 오키나와에서 가장 널리 볼 수 있는 명물음식 중 하나. 하루에 15만 그릇 이상 소비된다고 하니 오키나와 사람들의 소울푸드라고 해도 과언이 아니다.

일본 본토에서 소바는 메밀국수만을 의미하지만, 오키나와 소바는 메밀로 만드는 일반 소바와는 달리 100% 밀가루로 만드는 것이 가장 큰 특징! 원래 중국에서 전해져 온 음식으로 전래 당시 류큐왕조의 궁정요리로 전해졌으나 다이쇼 大正 시대 이후 일반인들도 즐기게 되었다고 한다. 돼지 뼈와 가다랑어, 다시마 등을 우려낸 육수에 소금과 간장으로 간을 맞추고 100% 밀가루로 만든 면을 기본으로 하며, 점차 갈비뼈(소키 ソーキ), 삼겹살, 어묵, 파, 숙주 볶음 등 다양한 토핑을 올려내면서 다양한 종류의 소바가 탄생했다. 오키나와 현 내에서도 면의 굵기와 구불거림, 육수, 토핑의 재료 등에 따라 지역별로 다양한 소바를 선보인다. 면은 쫄깃하고 탱탱한 식감보다는 약간 덜 익은 두꺼운 칼국수 면발의 느낌이지만 지역별, 식당별로 다른 식감과 맛을 자랑한다. 매콤한 맛을 원한다면 식당 테이블 위에 비치된 고레구스 コーレーグス 라는 소스를 뿌려보자. 고레구스는 매운 섬 고추를 오키나와 전통주인 아와모리 泡盛 에 담가 만든 오키나와의 전통 조미료를 말한다. 오키나와 현지에서는 소바そば가 아닌 사투리로 스바すば라고도 불린다.

오키나와 소바 (沖縄そば)

갈비소바 (소키 소바 ソーキそば)

삼겹살소바 (산마이니쿠 소바 三枚肉そば)

테비치소바 (てびちそば)

※오키나와 대표 소바집

※토핑에 따른 소바 메뉴

오키나와 소바 (沖縄そば) : 어묵, 돼지고기, 파 등이 올려져 나온다.

갈비소바 (소키 소바 ソーキそば) : 돼지갈비(갈비뼈)가 올려져 나온다.

삼겹살소바 (산마이니쿠 소바 三枚肉そば) : 삼겹살이 올려져 나온다.

테비치소바 (てびちそば) : 삶은 돼지 족발이 올려져 나온다.

나하(나하 외곽)
那覇外郭

시키나엔 識名園
아름다운 풍광을 자랑하는 류큐왕궁의 별궁

1799년에 조성된 류큐왕궁의 별궁으로 슈리성의 남쪽 2km지점에 위치해 난엔 南苑 이라고도 불린다. 당시에는 국왕 일가의 휴식이나 중국의 사신 책봉사를 접대하는 장소로 사용되었다. 시키나엔은 연못 주위를 산책하면서 풍경을 즐길 수 있도록 한 회유식정원 廻遊式庭園 으로 조성되었으며 중국, 일본, 류큐 양식을 절충한 방식으로 건축되었다. '心'의 글자를 형상화한 연못을 중심으로 못에 떠있는 섬에는 중국풍 정자인 육각당 六角堂 과 크고 작은 아치형 다리가 배치되어 있다. 봄에는 매화, 여름에는 등나무, 가을에는 도라지 등 연못 주변에 사계절을 장식하는 식물을 심어놓아 남국 오키나와에서도 계절의 변화를 즐길 수 있도록 하였다.

맵 코 드   33 131 090*25   P.99 E-4
구 글 맵   26.204147, 127.715304
전화번호   098-855-5936
운   영   09:00~18:00(10~3월~17:30), 수요일 휴무
입 장 료   일반 400엔, 중학생 이하 200엔
위   치   슈리성에서 차로 약 10분

토마린 이유마치 수산시장 とまりん 泊いゆまち

싱싱한 해산물을 만날 수 있는 오키나와 최대의 수산시장

토마린 항 근처에 위치한 오키나와에서 가장 큰 수산시장으로 오키나와 인근 바다에서 잡히는 신선한 생선과 해산물을 만날 수 있다. 다른 도시에 비해 규모가 크지는 않아도 있을 건 다 있다. 특히 해산물을 통째로 팔기도 하지만 한끼 식사로 즐길 수 있도록 포장해 놓은 상품이 인기! 부위별로 담긴 생 참치, 연어, 꽁치, 문어, 오징어, 굴, 성게 알, 모듬생선 등 다양한 해산물과 초밥 도시락 등을 한끼 분량으로 포장해 놓고 판매하는데, 저렴한 가격에 구입할 수 있어 해산물을 좋아하는 우리나라 여행객들도 즐겨 찾는다. 구입한 재료를 직접 철판에 구워주기도 하고 튀김 등을 판매하는 매장도 있다. 여러 가게들을 돌아다니면서 마음에 드는 해산물을 고르는 끝! 패키지마다 가격도 다 적혀있으니 일본어를 몰라도 구입하는데 문제가 없다. 되도록 오전 중에 가야 싱싱한 생선을 만날 수 있다. 경매가 열리는 곳은 일반인 출입이 금지된다.

맵 코 드 33 216 115*33 P.98 A-1
구 글 맵 26.230027, 127.680299
홈 페 이 지 www.tomariiyumachi.com
운   영 07:00~17:00
입 장 료 한팩 500엔~
위   치 모노레일 미에바시 (美栄橋)역에서 차로 10분

오키나와 아웃렛몰 아시비나 OKINAWA OUTLET MALL ASHIBINAA
沖縄アウトレットモールあしびなー
나하공항 근처에 위치한 복합 아웃렛몰

아시비나란 오키나와 방언으로 '사람들이 모여 노는 정원'이라는 뜻. 나하공항에서 차로 15분 거리에 있는 대형 아웃렛으로 일본 인기 브랜드는 물론 해외의 다양한 브랜드 매장 70여 개가 입점해 있다. 1층은 직영점이나 공인 대리점이 운영하는 상점이 있으며 브랜드의 재고품이나 절판 상품을 정가의 30~80%에 판매하고 있다. 2층의 식당가에는 라멘, 오키나와 요리, 중국 요리, 오코노미야키 등을 맛볼 수 있는 약 600석 규모의 푸드코트가 자리하고 있다. 주요 브랜드로는 BALLY, BOSS, ETRO, GUCCI, COACH, FERRAGAMO, GAP 등을 비롯해 나이키, 아디다스, 아식스, ABC MART 등 다양한 스포츠 브랜드 매장이 들어서 있다.

맵 코 드	232 544 541*17 P.164 A-2
구 글 맵	26.158957, 127.657033
홈 페 이 지	www.ashibinaa.com
전 화 번 호	098-891-6000
운 영	10:00~20:00, 연중무휴
위 치	나하공항에서 차로 15분. 또는 나하공항 국내선 터미널의 4번 버스 승강장에서 95번 버스로 약 20분 소요 (요금 250엔 / 30~60분 간격 운행)

남부
南部

남국의 분위기가 물씬 풍기는, 남부

에메랄드 빛 바다를 감상하며 휴식을 즐길 수 있는 해변 카페와 레스토랑이 곳곳에 있어 느긋하게 여유를 즐기기에 좋다! 평화기념공원 등 전쟁 유적지가 곳곳에 자리하고 있으며 류큐왕국 최고의 성지인 세화우타키, 오키나와 최대의 테마 파크인 오키나와 월드 등의 볼거리가 있다.

남부
0 약 자동차 8분 10km

나하 공항
那覇空港

세나가 섬
瀬長島
P.177

도미구스쿠 IC

오키나와 아웃렛몰 아시비나
沖縄アウトレットモールあしびなー
P.160

차도코로 마카베치나
茶処真壁ちなー
P.182

류큐 유리촌
琉球ガラス村
P.176

평화기념공원
平和祈念公園
P.174

오키나와 고속도로

아자마산산 비치
あざまサンサンビーチ
P.168

세화우타키
斎場御嶽
P.166

니라이카나이 다리
ニライカナイ橋
P.169

카페 쿠루쿠마
カフェくるくま
P.179

치넨미사키 공원
知念岬公園
P.168

간가라 계곡 P.172
ガンガラーの谷

오키나와 월드 P.173
おきなわワールド

P.180
하마베노차야
浜辺の茶屋

미바루 비치
新原ビーチ
P.169

나카모토 센교텐
中本鮮魚店 P.170

오우섬 P.170
奥武島

세화우타키 斎場御嶽 -류큐왕국 최고의 성지

우타키 御嶽 란 류큐 신앙에서 신이 머무른 성지를 뜻하는 말로 세화우타키 斎場御嶽 는 '최고의 성지'를 뜻한다. 세화우타키는 오키나와의 7개 우타키 중 가장 성스러운 곳으로 역대 류큐국왕들은 이곳에 방문해 '신의 섬'인 구다카 섬 久高島 을 향해 경배 했다고 한다. 세화우타키에 있는 6개의 참배장소 중 하이라이트는 가장 안쪽에 있는 삼각형 모양의 '산구이 三庫理'. 거대한 암석 2개가 맞닿아 생긴 틈이 삼각형 모양으로 보이는 곳으로 이곳을 지나면 수목이 우거진 숲 너머로 구다카 섬이 보이고 그 섬을 향해 경배하는 제단이 나온다. 예전에는 일반인과 남자의 출입이 제한될 정도로 신성시되던 곳이므로 방문 시에는 조용하고 매너 있게 행동하도록 하자. 전용주차장에 있는 매표소에서 티켓을 끊고 올라가야 하며, 입구까지는 걸어서 약10분정도 소요된다. 숲길이 미끄러우니 편한 신발을 신고 가는 것이 좋다. 세화우타키는 2000년 12월 유네스코 세계문화유산에 등록되었다.

맵 코 드 232 594 735*88 (주차장) P.165 F-1
구 글 맵 26.169046, 127.827296 (주차장)
홈 페 이 지 https://okinawa-nanjo.jp/sefa
운 영 09:00~18:00 (11~2월 ~17:30) 음력 5/1~5/3, 음력 10/1~3일 휴무
입 장 료 고등학생이상 300엔, 초중생 150엔
위 치 나하공항에서 차로 약50분

주차장 매표소(첫번째 사진)에서 표를 구입하고 이동하자!

산구이 옆에는 2개의 종유석에서 떨어지는 물방울을 받기 위해 항아리가 놓여 있으며, 이 물은 신성한 물로서 정월의 의식 등에 사용되었다. (*주의 : 신성시하는 물건이므로 절대 만지지 않도록 하자!)

치넨곶공원(치넨미사키 공원) 知念岬公園
오키나와 남부해안 끝에 펼쳐진 해안절벽 공원으로 탁 트인 태평양 바다 전망을 감상할 수 있다. 날씨가 좋은 날에는 오키나와의
최고의 성지인 구다카 섬 久高島이 한눈에 보인다. 관람시간에 제약이 없어 일출부터 밤하늘까지 감상할 수 있다.

맵코드 232 594 503*30 / 구글맵 26.166728, 127.829716 / 위치 나하공항에서 차로 약50분 | P.165 F-2

아자마산산 비치 あざまサンサンビーチ
2000년에 문을 연 인공비치로 하얀 백사장이 펼쳐져 있다. 바비큐 세트도 대여 가능해 지역 주민들의 휴식처로 많은 사랑을 받고
있다. 또한 해수욕은 물론 바나나보트 등 다양한 액티비티를 즐길 수 있으며, 수심도 깊지 않아 가족여행객들이 즐겨 찾는다.

맵코드 33 024 831*77 / 구글맵 26.178132, 127.829190 / 운영 7~8월 10:00~19:00 (그 외기간~18:00)
입장료 무료 / 위치 나하공항에서 차(일반도로)로 약50분 | P.165 F-1

니라이카나이 다리 ニライカナイ橋
남부 드라이브 코스로 유명한 다리. 고도 162m에 위치한 660m의 구불구불한 다리. 에메랄드 빛 바다와 푸른 하늘이
어우러진 아름다운 풍경을 감상할 수 있지만 다리 중간에 정차 시 매우 위험하니 주의하도록 하자.
맵코드 232 593 542*11 / 구글맵 26.166050, 127.816139 / 위치 나하공항에서 차로 약40분   P.165 F-2

미바루 비치 新原ビーチ
새하얀 백사장이 펼쳐지는 오키나와 남부 대표 천연비치. 수심이 깊지 않고 파도가 잔잔해 어린이를 동반한 가족여행객들이 많이
찾는다. 해수욕은 물론 바닥이 유리로 된 보트를 타고 바닷속을 구경하는 글라스보트도 즐길 수 있다.
맵코드 232 469 538*17 / 구글맵 26.133772, 127.789423 / 운영 해수욕은 4~9월만 가능, 글라스보트 연중 08:30~17:00
입장료 무료 주차비 1일 500엔, 글라스보트 1500엔 / 위치 나하공항에서 차로 약40분   P.165 F-3

오우섬 奧武島 · 나카모토 센교텐 中本鮮魚店

오키나와 명물 튀김집이 있는 작은 섬

오키나와 본섬 남부에 위치한 섬으로 오키나와의 소소한 어촌마을 풍경을 감상할 수 있다. 오우지마 대교로 육지와 연결되는데, 차로 5분이면 둘러볼 수 있는 작은 섬이지만 오키나와에서 가장 유명한 튀김집 '나카모토 센교텐'이 있는 곳으로 유명하다. 오키나와 튀김은 일본 본토와는 달리 튀김 옷이 두꺼운 편인데 이 집에서는 생선과 모즈쿠 등 각종 해산물을 이용한 다양한 튀김을 선보인다. 오징어 튀김, 모즈쿠 튀김, 야채튀김, 자색고구마 튀김 등을 맛볼 수 있으며, 그 중에서도 손가락만큼 두툼한 오징어가 들어가 있는 대왕오징어 튀김이 가장 인기 있다. 관광객들에게 인기가 높아 항상 긴 줄이 늘어서 있다. 한국어 메뉴판 있음.

맵 코 드	232 467 296*06　P.165 E-3
구 글 맵	26.131541, 127.772106
홈 페 이 지	https://nakamotosengyoten.com
전 화 번 호	098-948-3583
운　　영	10:00~18:30 (7~9월 매주 목요일 휴무, 부정기 휴무)
예　　산	1개당 100엔~
위　　치	나하공항에서 차로 약40분

간가라 계곡 ガンガラーの谷

생명이 살아있는 신비로운 숲

오키나와 월드 바로 맞은편에 위치한 계곡. 종유동굴이 붕괴되어 생긴 골짜기에 만들어진 아열대 숲으로 수백 년의 세월이 만들어 낸 동굴과 가지와 뿌리가 땅으로 드러나는 나무 등 생명의 신비를 눈으로 체험할 수 있는 곳이다. 간가라 계곡은 전문 가이드의 안내를 받으며 숲과 동굴을 탐험하는 투어를 통해서만 둘러볼 수 있으며, 투어에 참가하려면 전날까지 전화나 인터넷으로 예약해야 한다. 또한 숲 속의 길을 따라 1km정도 걸어가야 하니 되도록 편한 신발을 신고 가는 것이 좋다. 투어 중간에는 화장실이 없고 금연구역이므로 여행에 참고하도록 하자. 요금에는 음료 및 보험료가 포함되어 있다. 한국어 안내책자 있음.

맵 코 드	232 494 476*25 P.165 D-2
구 글 맵	26.141639, 127.747060
홈 페 이 지	www.gangala.com
투 어	예약 필수
	투어요금- 일반 2500엔, 중학생 이상 1500엔(학생증 제시)
위 치	나하공항에서 차로 약30분. 오키나와 월드 맞은편

오키나와 월드 おきなわワールド

오키나와의 역사·문화·자연을 체험할 수 있는 곳

류큐 문화를 체험할 수 있는 오키나와 치대의 테미 파크로 오키나와의 자연은 물론 전통문화체험까지 즐길 수 있다. 테마파크 내에는 류큐 왕조 시대의 거리 풍경을 재현해 놓은 마을인 왕국촌, 30만년이라는 시간이 만들어낸 종유 동굴인 옥천동(교쿠센도), 반시뱀 박물 공원 등이 있으며, 오키나와 전통북춤인 '에이샤' 공연 등 다양한 볼거리가 모여있다. 오래된 민가를 옮겨놓은 왕국촌에서는 류큐 유리체험, 오키나와 전통염색기법인 빈가타 염색 등 오키나와 전통 공예를 체험할 수 있다.

맵 코 드	232 495 332*71 P.165 D-2
구 글 맵	26.140521, 127.748576
홈 페 이 지	www.gyokusendo.co.jp/okinawaworld
운 영	09:00~16:00
입 장 료	자유이용권 - 만 15세 이상 2000엔, 만 4~14세 1000엔, 4세 미만 무료
위 치	나하공항에서 차로 약30분

평화기념공원 平和祈念公園

전쟁의 희생자를 기리고 평화를 기원하는 곳

오키나와 최대의 격전지였던 마부니 언덕에 조성된 공원. 오키나와 전투에서 희생된 전사자들을 추모하고 평화를 기원하며, 오키나와 전투의 역사적 교훈을 다음 세대에 알리고자 설립되었다. 오키나와 전투는 1945년 3월 말 시작해 90일간 계속되면서 문화유산 파괴는 물론 20여만 명의 희생자를 낳았으며 이 중에는 1만 명가량의 조선인도 포함되어 있다. 공원 내에는 오키나와전투에 관한 자료를 전시하고 있는 오키나와 현 평화기념자료관과 20만여 명 희생자들의 이름이 새겨진 평화의 초석, 강제 연행되어 온 조선인 군부와 위안부들을 추도하기 위해 건립된 한국인 위령탑 등의 시설이 있다. 공원 내에 넓은 잔디밭과 연못이 조성되어 있으며 수학여행을 온 학생들의 모습을 자주 볼 수 있다.

맵 코 드   232 342 099*25   P.164 C-4
구 글 맵   26.096630, 127.725667
홈 페 이 지   https://heiwa-irei-okinawa.jp
운   영   09:00~17:00, 12/29~1/3 휴관
입 장 료   공원, 평화의 초석은 무료, 평화기념자료관 유료
위   치   나하공항에서 차로 약40분

-오키나와 현 평화 기념 자료관 沖縄県平和祈念資料館
오키나와 전투에 관한 많은 자료를 영상과 모형으로 전시하고 있으며, 전후부터 일본 복귀까지의
오키나와 연혁에 대한 자료도 보여주고 있다.

-평화의 초석 平和の礎
오키나와 전투에서 희생된 20여만명의 이름이 화강암 초석에 새겨져 있다.
1만명으로 추산되는 조선인 사망자의 이름은 대부분 공백으로 남아있다

-한국인 위령탑
오키나와로 강제로 연행되어왔다 희생된 1만여명의 조선인들을 추모하기 위해 1975년 건립되었다.

류큐 유리촌(류큐 가라스무라)
琉球ガラス村
류큐유리의 모든 것을 만날 수 있는 곳

1985년 건립된 오키나와에서 가장 큰 류큐유리 공방. 류큐유리로
장식한 화려한 외관이 돋보인다. 장인들이 만드는 유리공예 제작과정을 견학할 수 있으며, 류
큐유리 만들기 체험공방, 숍, 갤러리 등의 시설이 모여있다. 류큐유리의 가장 큰 특징은 재생
유리를 사용한다는 점! 오키나와 전투 전후 미군부대에서 나온 코카콜라, 주스 유리병을 녹여
생활용품을 만들기 시작하면서 류큐유리의 역사가 시작되었다. 이후 유리에 다양한 색상과 디
자인을 입히게 되면서 지금의 류큐유리가 탄생하게 되었다고. 컵, 접시, 액세서리, 액자프레임
등 다양한 체험활동을 즐길 수 있으며 숍에서는 류큐유리를 활용한 제품들을 만날 수 있다.

맵 코 드	232 336 224*63　P.164 B-4
구 글 맵	26.097631, 127.677187
홈 페 이 지	www.ryukyu-glass.co.jp
운 영	09:00~17:30, 연중무휴
입 장 료	입장료 무료, 체험비는 유료(체험시 사전예약)
위 치	나하공항에서 차로 약25분

세나가 섬 瀬長島
비행기 이착륙을 가까이에서 볼 수 있는 곳

나하공항 근처에 위치한 무인도로 석양이 아름답기로 유명하다. 오키나와 본섬과는 다리로 연결되며, 자동차로 5분 정도면 둘러볼 수 있는 작은 섬이다. 화려한 볼거리는 없지만 가까운 거리에서 비행기가 이착륙하는 모습을 보기 위해 일부러 찾는 이들도 있다. 나하 공항으로 이착륙

날씨에 따라 느낌의 차이가 매우 크다!

하는 비행기가 세나가 섬을 지나기 때문에 머리 위로 지나가는 비행기를 아주 가까이에서 감상할 수 있기 때문. 섬 내에는 바다를 바라보며 온천을 즐길 수 있는 호텔을 비롯해 야구장, 이동식 매점, 바비큐를 즐길 수 있는 작은 해변 등이 있어 현지인들의 휴식처로 많은 사랑을 받고 있다.

맵 코 드 33 002 519*41 P.164 A-1
구 글 맵 26.176311, 127.646855
위   치 나하공항에서 차로 약 15분

Restaurant

카페 쿠루쿠마 カフェくるくま

남국바다가 내려다 보이는 타이 레스토랑

해발 고도 130m의 언덕에 지리한 타이 레스토랑으로 눈 아래로 펼쳐지는 태평양을 바라보며 다양한 아시안 푸드를 맛볼 수 있다. 전망 좋은 카페로 유명한 곳이라 주말과 성수기에는 대기시간이 긴 편이니 되도록 평일에 찾는 것이 좋고, 영문이름과 인원수, 원하는 좌석의 위치를 말하고 기다리면 된다. 기다리는 동안에는 전망공원에서 테라스 너머로 펼쳐지는 태평양의 절경을 감상하며 시간을 보내보자. 대표메뉴는 매콤하고 뜨끈한 태국 수프인 똠양꿍과 치킨, 비프, 포크 3종 카레와 밥이 나오는 쿠루쿠마 스페셜이며 팟타이, 샐러드 등도 맛볼 수 있다. 메뉴판에 음식사진이 크게 들어가 있다.

맵 코 드 232 562 891*82 P.165 F-2
구 글 맵 26.162338, 127.812321
홈 페 이 지 www.nakazen.co.jp/cafe
전 화 번 호 098-949-1189
운　　영 10:00~17:00, 토·일·공 ~18:00(L.O 마감 1시간 전까지)
예　　산 식사류 1350엔~, 음료류 470엔~
위　　치 나하공항에서 차로 약50분

하마베노차야 浜辺の茶屋

아름다운 바다가 보이는 해변카페

오키나와 남부를 대표하는 해변카페로 아름다운 경치와 일
몰을 감상하며 휴식을 즐기기에 좋다. 특히 창가 좌석에 앉으
면 커다란 창문너머로 마치 한 폭의 그림처럼 푸른 하늘과 드넓은

바다풍경이 펼쳐진다. 또한 카페 앞에는 작은 해변이 있어 기다리는 동안 산책을 즐기기에도
좋다. 날씨와 계절, 밀물과 썰물에 따라 창문을 통해 보이는 경치가 다르며, 만조 시에는 푸른
바다와 하늘, 간조 시에는 드넓은 갯벌을 감상할 수 있다. 메뉴는 석탄불에 배전한 숯불커피
와 피자류, 치즈케이크, 토스트 등 음료와 간단한 식사류를 즐길 수 있다. 근처에 산장을 테마
로 한 산장의 찻집, 산정상을 테마로 한 천공의 찻집 등 자매점을 운영하고 있다.

맵 코 드	232 469 491*06 P.165 E-3
구 글 맵	26.133512, 127.784614
홈페이지	https://sachibaru.jp/hamacha/
전화번호	098-948-2073
운 영	월~목 10:00~18:00, 금~일·공 08:00~ (L.O 17:00)
위 치	나하공항에서 차로 약40분

차도코로 마카베치나 茶処真壁ちなー

고즈넉한 전통가옥에서 즐기는 오키나와 향토요리

1891년에 건축된 전통가옥을 개조해 만든 카페 겸 레스토랑
으로 시간이 멈춘 듯 예스러움을 그대로 간직하고 있어 더욱 운치
있다. 오키나와 전통가옥을 상징하는 돌담과 붉은 지붕, 시사가 손님들을 반기고, 가게 입구
로 들어가면 목조 구조의 실내와 다다미 석이 오래된 세월을 말해준다. 가다랑어를 우려낸 깔
끔한 국물의 오키나와 소바는 물론 야채소바, 고야 챤푸르, 영양밥 등 다양한 향토요리를 비
롯해 팥빙수인 젠자이, 케이크, 음료 등도 즐길 수 있다. 가게 내부에서는 시사, 그릇, 열쇠고
리 등 다양한 기념품도 판매하고 있다. 주택가 골목 안에 위치해 눈에 잘 띄지 않으니 가게 입
구에 위치한 자그마한 나무간판을 잘 찾아보자. 영어메뉴 있음

맵 코 드   232 368 155*44   P.164 B-3
구 글 맵   26.105552, 127.691435
홈 페 이 지   https://makabechinaa.business.site/
전 화 번 호   098-997-3207
운   영   11:00~16:00, 일·월요일 휴무
예   산   소바류 600엔~, 음료류 500엔~
위   치   나하공항에서 차로 약30분

중부
中部

미국의 흔적과
류큐왕국의 역사가 혼재하는 곳, 중부

오키나와 중부지역에는 오키나와 속 작은 미국을 연상시키는 리조트형 쇼핑타운인 아메리칸 빌리지를 비롯해 류큐무라, 무라사키무라 등 체험형 테마파크, 요미탄 도자기마을, 잔파곶, 이케이비치, 자키미 성터, 가츠렌 성터 등 다양한 볼거리가 모여 있다.

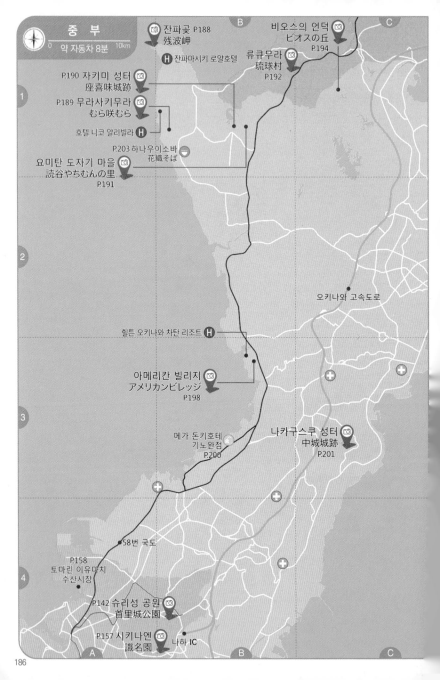

잔파곶 P.188
残波岬

H 잔파마시키 로얄호텔

비오스의 언덕
ビオスの丘
P.194

류큐무라
琉球村
P.192

P.190 자키미 성터
座喜味城跡

P.189 무라사키무라
むら咲むら

호텔 니코 알리빌라 H

P.203 하나우이소바
花織そば

요미탄 도자기 마을
読谷やちむんの里
P.191

오키나와 고속도로

힐튼 오키나와 차탄 리조트 H

아메리칸 빌리지
アメリカンビレッジ
P.198

나카구스쿠 성터
中城城跡
P.201

메가 돈키호테
기노완점
P.200

58번 국도

P.158
토마린 이유마치
수산시장

P.142 슈리성 공원
首里城公園

P.157 시키나엔
識名園

나하 IC

이케이 비치
伊計ビーチ
P.197

가츠렌 성터
勝連城跡
P.195

해중도로
海中道路
P.196

잔파곶(잔파미사키) 殘波岬
웅장한 전경이 펼쳐지는 해안절벽

오키나와 중부 서쪽 끝에 위치한 가파른 해안절벽.
오키나와 3대 해안 곶 중 하나로 영화 〈눈물이 주룩주룩〉
에도 등장했던 곳이다. 눈 앞으로 푸른 바다가 보이고 30m
높이의 단애절벽이 2km에 걸쳐 펼쳐져 있다. 해안절벽에 부딪혀
하얗게 부서지는 파도는 물론 아름다운 석양을 감상하려는 이들이 즐겨 찾으며, 현지인들의
갯바위 낚시터로도 유명하다. 절벽 끝에는 하얀 등대가 서있고, 근처에는 오키나와에서 가장
큰 대형 시사 동상이 서 있는 잔파미사키 공원이 있으며, 공원 내에는 바비큐, 테니스, 축구
등을 즐길 수 있는 시설도 마련되어 있다.

맵 코 드	1005 685 380*00 P.186 A-1
구 글 맵	26.440693, 127.712122
전화번호	098-982-9216
이 용 료	무료
위　　치	나하공항에서 차로 약 1시간

무라사키무라 むら咲むら

류큐왕국을 재현해 놓은 체험형 테마파크

정식명칭은 체험왕국 무라사키무라 体験王国 むら咲むら.
15세기 류큐왕국 시대의 성과 마을을 재현해 놓은 테마파크로 류큐왕국의 전통문화는 물론
지금의 오키나와의 문화·예능·예술을 체험할 수 있다. 원래 NHK대하사극의 오픈세트로 사
용되었던 건물을 32개의 체험공방으로 바꾸어 놓았으며 견학은 물론 유리공예, 염색, 전통무
용, 시사 만들기, 흑당 만들기, 고래상어와 수영하기 등 101개의 체험프로그램을 즐길 수 있
다. 알기 쉽고 친절하게 지도해 주기 때문에 초보자도 간단하게 공예 체험을 할 수 있다. 또한
류큐무용을 보면서 류큐 요리를 먹을 수 있는 레스토랑도 들어서 있다. 우리나라 드라마 〈괜
찮아 사랑이야〉에서 두 주인공이 체험을 즐기던 곳으로도 등장했다.

맵 코 드 33 851 376*58 P.186 B-1
구 글 맵 26.407110, 127.719848
홈 페 이 지 https://murasakimura.com
운 영 09:00~18:00, 연중무휴
입 장 료 일반 600엔, 중고등학생 500엔, 초등학생 400엔, 체험비는 별도
위 치 나하공항에서 차로 약 70분

자키미 성터 座喜味城跡

오키나와 중부에서 만나는 세계문화유산

서해안이 내려다보이는 해발 125m의 언덕 위에 있는 요새로 1420년경 류큐왕국 통일 이후 국가의 안정에 힘쓴 명장 고사마루 護佐丸 에 의해 세워졌다. 성의 규모는 작은 편이지만, 성벽과 성문의 정교함과 아름다움은 오키나와의 성 중에서 제일로 여겨지고 있다. 구불구불 병풍처럼 이어진 성벽의 곡선과 어른 5~6명이 옆으로 설 수 있을 정도의 두꺼운 성벽이 특징이며, 오키나와에서 가장 오래된 아치형 석문도 빼놓을 수 없는 볼거리이다. 성벽 위로 올라가면 날씨가 맑은 날에는 멀리 나하 시내도 내려다보이고, 저녁에는 아름다운 일몰도 감상할 수 있다. 자키미 성터는 2000년 12월 유네스코 세계문화유산에 등재되었다.

맵 코 드 33 854 486*41 P.186 B-1
구 글 맵 26.408534, 127.741632
운   영 24시간 개방
입 장 료 입장 무료
위   치 나하공항에서 차로 약 70분

요미탄 도자기 마을
読谷やちむんの里
오키나와 도자기 쇼핑과 휴식을 동시에

나하에서 차로 약 1시간 거리에 위치한 도자기 마을로 원래 도자기의 본고장은 오키나와의 도심지인 나하의 츠보야 도자기 거리(P.103)이지만 전통가마를 땔 때 발생하는 검은 연기 때문에 도심에서 도자기 제작이 점차 힘들어지자, 1970년대 이후부터 곳곳의 도예가들이 이곳으로 이주하면서 새로운 도예촌이 형성되었다고 한다. 요미탄 도자기 마을 내에는 전통기법을 고수하며 도자기를 굽고 있는 19개의 공방을 비롯해 도자기를 전시 판매하는 공동매점과 갤러리, 요미탄에서 만들어진 도자기 그릇에 차와 음료를 판매하는 카페와 식당 등이 들어서 있어 실용적인 생활 도자기 쇼핑은 물론 여유롭고 한가하게 산책을 즐기기에 좋다.

맵 코 드 33 855 115*06 P.186 B-1
구 글 맵 26.404861, 127.755222
운   영 09:30~17:30, 공동매점은 화요일 휴무, 공방별 부정기 휴무
입 장 료 입장 무료
위   치 나하공항에서 차로 약 70분

류큐무라 琉球村

류큐왕국을 재현해 놓은 테마파크

100년 이상 된 오키나와의 민가 7곳을 이전해 옛 류큐마을의 모습으로 재현해 놓은 민속촌으로 오키나와의 역사와 문화를 다양하게 체험할 수 있다. 우리나라 드라마 〈여인의 향기〉, 〈괜찮아, 사랑이야〉의 배경지로도 잘 알려져 있다. 특히 오키나와의 상징인 시사 만들기 체험, 오키나와 전통염색기법인 빈가타 체험, 오키나와 전통의상을 빌려 입고 촬영하는 생활문화 체험, 오키나와를 대표하는 과자 사타안다기 만들기 체험 등 30여 가지 다양한 체험활동을 즐길 수 있다. 그 밖에도 류큐마을 민가를 재현해 놓은 식당에서 오키나와 전통 류큐요리를 맛볼 수 있으며 오키나와에서만 살 수 있는 다양한 토산품과 기념품도 만날 수 있다.

맵 코 드	206 033 067*77 P.186 B-1
구 글 맵	26.429509, 127.775242
홈 페 이 지	www.ryukyumura.co.jp
전 화 번 호	098-965-1234
운 영	09:30~17:00
입 장 료	만 16세 이상 1500엔, 만 6~15세 600엔, 체험비는 별도
위 치	나하공항에서 차로 약 1시간

비오스의 언덕(비오스노오카)
ビオスの丘 Bios Hill

오키나와 아열대 숲을 체험할 수 있는 테마파크

'비오스'란 그리스어로 생명을 뜻하는 말로 10만 평의 광활한 면적에 오키나와의 아열대 자연을 몸소 체험할 수 있는 다양한 테마시설을 조성해 놓았다. 계절별로 피고 지는 다양한 식물은 물론 나비, 잠자리, 들새 등 오키나와 아열대 자연환경에서 서식하는 다양한 동식물을 만날 수 있으며, 넓은 잔디밭에서 염소에게 먹이 주는 체험도 할 수 있어 어린이를 동반한 가족 여행객들에게 인기! 또한 호수 관람선을 타고 약 25분간 인공호수를 돌면서 호반 식물과 난초꽃, 작은 동물 등을 구경하거나 파도와 물살이 없는 호수에서 카누 체험을 즐길 수도 있다.

맵 코 드	206 005 262*11 P.186 C-1
구 글 맵	26.422965, 127.796123
홈 페 이 지	www.bios-hill.co.jp
운　　영	09:00~18:00, 연중무휴 (마감 1시간 전까지 입장가능)
입 장 료	중학생 이상 2000엔, 만 4~12세 1000엔(입장료+호수 관람선 포함)
위　　치	나하공항에서 차로 약 80분(고속도로 이용시 약 55분)

가츠렌 성터 勝連城跡
아름다운 전경을 감상할 수 있는 성곽

가츠렌 반도 언덕 위에 위치한 중세 성곽으로 당시 중계무역
으로 가츠렌을 번영시켰던 호족 아마와리 阿麻和利의 거성이다.
가츠렌의 10대 성주였던 아마와리는 류큐왕국의 정권을 위협하던 야심가로 자신만의 통일
왕국을 수립하려 슈리성까지 공격하지만, 대패하고 할복하면서 결국 멸망하게 된다. 푸른 하
늘을 배경으로 언덕 위에 자리한 모습이 거대한 범선에 비유되기도 하는 가츠렌 성은 4개의
평지를 계단식으로 배치하였으며, 자연의 지형을 이용해 완만한 곡선을 그리며 성벽 돌담을
쌓아 올렸다. 성 정상에서는 360도로 펼쳐지는 아름다운 전경과 일몰을 즐길 수 있다. 돌계
단이 있으니 편한 신발을 신고 갈 것. 2000년 12월 유네스코 세계문화유산에 등재되었다

맵 코 드	499 570 171*85 P.187 D-2
구 글 맵	26.330387, 127.879034
홈 페 이 지	www.katsuren-jo.jp
운 영	09:00~18:00
입 장 료	만 16세 이상 600엔, 만 7~15세 400엔, 만 6세 미만 무료
위 치	나하 공항에서 차로 약 1시간

해중도로 海中道路

남국의 바다 위를 달린다.

오키나와 본섬과 주변 섬을 연결하는 약 5km의 해변 도로로 탁 트인 바다를 바라보며 드라이브를 즐길 수 있는 베스트 코스 중 하나로 손꼽힌다. 일반적으로 육지와 섬을 잇는 것은 대교이지만, 해중도로는 말 그대로 수심이 얕은 바다에 제방을 쌓아 만들어진 도로이다. 도로 양쪽으로 남국의 바다가 펼쳐져 있어 마치 바다 위를 달리는 듯한 느낌이 든다. 해중도로 중간에는 약 300대의 차량을 주차할 수 있는 주차장과 바다의 문화 자료관과 특산품 판매소, 레스토랑 등이 들어서 있는 휴게소가 있다. 또한 도로 중앙에 해변이 있어 해수욕이나 패러세일링 등 해양스포츠를 즐기는 사람들이 즐겨 찾는다.

맵 코 드 499 576 274*41 P.187 E-2
구 글 맵 26.331674, 127.923933
위　　치 나하공항에서 차로 약 1시간

이케이 비치 伊計ビーチ

오키나와 중부에서 가장 투명한 해변

해중도로를 지나 헨자섬, 미야기섬을 지나면 가장 끝에
위치한 이케이 섬에 도착한다. 이케이 섬의 해변인 이케이

이케이 비치의 모래

비치는 오키나와 중부에서 바다색이 가장 투명하고 아름다운 해
변으로 알려져 있으며, 해수욕을 비롯한 다양한 레저활동을 즐길 수 있다. 또한 바비큐 조리
도구 대여는 물론 바나나 보트, 스노클링, 다이빙, 글라스보트 등의 다양한 해양스포츠도 만
끽할 수 있어 지역주민들과 오키나와에서 근무하는 미군들이 즐겨 찾는다. 단, 해수욕이나 수
영을 즐기지 않고 구경만 해도 입장료가 부과되고, 다른 관광지에서 거리가 멀기 때문에 일부
러 찾아가기보다는 해중도로 방문 겸 같이 들러보는 것이 좋다.

맵 코 드   499 794 066*22 P.187 F-2
구 글 맵   26.387964, 127.991607
홈 페 이 지   www.ikei-beach.com
운   영   연중무휴, 단 수영은 4~10월 09:00~17:00에만 가능
입 장 료   만 13세 이상 400엔, 만 5~12세 300엔
위   치   나하공항에서 차로 약70분(국도이용시 100분)

아메리칸 빌리지 American Village アメリカンビレッジ
오키나와 속 작은 미국을 느낄 수 있는 리조트 타운

오키나와 중부 해안가에 위치한 아메리칸 빌리지는 미군으로부터 반환 받은 매립지 위에 조성된 쇼핑타운으로 미국의 쇼핑센터를 모델로 해 오키나와 속 작은 미국을 느낄 수 있다. 아메리칸 빌리지 안에는 60m 높이의 대형 관람차를 비롯해 볼링장, 영화관, SEGA 게임센터 등 엔터테인먼트 시설과 아메리칸 디포, 데포아일랜드, 이온 자탄점 등 대형 쇼핑시설, 레스토랑과 카페 등이 들어서 있다. 나하를 제외한 지역은 해질녘이 되면 문을 닫는 곳이 많지만 이곳만은 예외다. 밤 늦게까지 영업하는 곳이 많아 관광객은 물론 현지 젊은이들도 즐겨 찾는다. 근처에는 노을이 아름답기로 알려진 인공해변인 선셋비치가 있다.

맵 코 드   33 526 483*14   P.186 B-3
구 글 맵   26.316855, 127.757546
홈 페 이 지   www.okinawa-americanvillage.com
전 화 번 호   098-982-7735
운   영   10:00~21:00, 매장별로 다름
위   치   나하에서 차로 약 40분(58번 국도이용)

대관람차 American Village Ferris Wheel
공식명칭은 SKYMAX 60. 아메리칸 빌리지 주변의 화려한 주
경과 야경을 감상할 수 있다.
탑승시간 약 15분, 요금 일반 500엔,
운영 11:00~22:00까지

아메리칸 데포 American Depot
미국, 유럽의 생활잡화, 캐주얼·빈티지웨어, 구제의류 등 개
성 넘치는 아이템을 만날 수 있다.

이온 챠탄점 イオン北谷店
다이소, ABC마트, 빌리지뱅가드, 베스트덴키 등 다양한 매장
이 들어서 있는 대형마트.
운영 07:00~24:00

보쿠넨 미술관 BOKUNEN ART MUSEUM (ボクネン美術館)
오키나와를 대표하는 화가이자 작가인 보쿠넨 ボクネン의 작
품을 감상할 수 미술관으로 계절마다 다른 테마를 전시하고
있다.

선셋비치 Sunset Beach サンセットビーチ
노을이 아름다워 현지인들의 데이트 장소로 사랑받는 곳. 아
메리칸 빌리지에서 쇼핑과 식사 후 산책 코스로도 인기가 있
다. 수심도 깊지 않아 가족여행객들이 즐겨 찾는다.

데포 아일랜드 Depot Island
A~E까지 다섯 개의 건물로 이루어진 쇼핑센터. 오키나와 스
타일의 의류 잡화점.아메리칸 풍의 의류 잡화점. 란제리숍 등
40여개의 매장과 레스토랑, 카페 등이 들어서 있다.

메가 돈키호테 기노완점
ドン・キホーテ 宜野湾店

다양한 물건이 가득한 생활잡화점

돈키호테는 일본 최대의 생활잡화점으로 의약품, 화장품, 주류, 먹거리 등 일용품에서 패션잡화까지 다양한 상품군을 두루 갖추고 있어 현지인은 물론 관광객들에게도 매우 인기가 높다. 늦은 시간까지 영업을 하기 때문에 시간에 구애 받지 않고 쇼핑을 즐길 수 있다. 또한 1층에는 오키나와 대표 아이스크림 브랜드인 블루씰 BLUE SEAL매장이 들어서 있으며, 소프트아이스크림 이외에도 다양한 크레페와 햄버거, 주스 등을 맛볼 수 있다. 국제거리 (P.127)에도 돈키호테 매장이 있다.

※구매 당일 품목에 한하여 면세혜택을 누릴 수 있으니 매장 내 비치된 면세가능조건을 잘 참고해두자.

맵 코 드	33 434 024*36 P.186 B-3
구 글 맵	26.287451, 127.746673
홈 페 이 지	www.donki.com
전 화 번 호	098-942-9911
운 영	09:00~05:00
위 치	아메리칸 빌리지에서 차로 약15분 (58번 국도이용)

나카구스쿠 성터 中城城跡

원형 그대로 남아있는 류큐왕국의 문화유산

15세기 중엽 축성된 성으로 류큐왕국의 정권을 위협하던 가츠렌 성의 아마와리 세력을 견제하기 위해 만들었다. 해발 167m의 구릉 지대에 세워졌으며 천연 암석과 지형을 이용해 성벽의 곡선미를 살렸다. 오키나와 전투 때 대부분의 성들이 심하게 파괴된 것에 비해 나카구스쿠 성은 비교적 피해가 적어 원형 그대로의 모습을 간직하고 있다. 류큐왕국 통일 이후 국가의 안정에 힘쓴 명장 고사마루 護佐丸 가 국왕의 명령으로 이주해서 살았으며, 고사마루가 증축한 성벽과 그 이전에 세워진 옛 성벽이 공존하고 있어, 축성 문화를 알 수 있는 중요한 성으로 평가 받고 있다. 2000년 12월 유네스코 세계문화유산에 등재되었다.

※한여름에는 햇빛이 매우 강하니 되도록 방문을 피하는 것이 좋다.

맵 코 드	33 411 799*17 P.186 C-3
구 글 맵	26.286241, 127.803688
홈 페 이 지	www.nakagusuku-jo.jp/about
운 영	08:30~17:00 (5~9월 ~18:00)
입 장 료	일반 400엔, 중고등학생 300엔, 초등학생 200엔
위 치	나하공항에서 차로 약 40분. 또는 아메리칸 빌리지에서 차로 20분

Restaurant

하나우이소바 花織そば

인기만점 해물소바를 맛볼 수 있는 곳

58번 국도 도로변에 위치한 오키나와 중부 대표 소바 전문점으로 맛도 좋고 양도 많아 현지인은 물론 관광객들에게도 많은 사랑을 받고 있다. 가장 인기 있는 메뉴는 다양한 해산물과 고기, 야채토핑이 듬뿍 올려져 나오는 해물소바 (우민츄우 소바 海人そば) 다. 일반 오키나와 소바의 비주얼과는 많이 다르며, 야채가 많이 들어간 맵지 않은 하얀 짬뽕으로 생각하면 된다. 이외에도 야키소바, 돈가츠정식, 다양한 오키나와 가정식을 즐길 수 있으며 1층은 테이블석, 2층은 다다미석으로 되어 있다. 58번 국도 도로변에 위치해 있으니 잔파곶이나 자키미 성터 등의 명소를 방문할 계획이 있다면 꼭 한번 들러보자.

맵 코 드 33 822 217*88 P.186 B-1
구 글 맵 26.397677, 127.725142
전화번호 098-958-4479
운   영 11:00~17:30 (수요일, 4월초 일요일 청명제, 오키나와 오봉(양력 8월 15일 전후), 연초휴무)
예   산 해물소바 900엔, 정식류 700엔~
위   치 나하공항에서 차로 약 1시간. 또는 잔파곶에서 차로 약 10분

구르메 회전초밥시장 グルメ回転寿司市場 美浜店
아메리칸 빌리지 입구에 위치한 회전초밥 전문점으로 우리나라 여행객들에게도 잘 알려져 있다.
최상은 아니지만 가격대비 적당한 수준의 초밥을 맛볼 수 있다.
구글맵 26.316783, 127.759230 / 전화번호 098-926-3222 / 운영 11:30~22:00, 수요일 휴무 / 예산 접시당 100엔~

포케 팜 POCKE FARM
오키나와, 미국, 멕시코 음식을 맛볼 수 있는 캐쥬얼 오픈 카페. 인기메뉴는 타코라이스에 계란프라이를 얹힌 타코모코 라이스
タコモコライス, 타코라이스, 칠리핫도그 등을 비롯해 맥주 종류도 다양해 가볍게 즐기기에 좋다.
구글맵 26.316150, 127.756675 / 전화번호 080-8581-1405 / 운영 10:30~20:30, 연중무휴
예산 타코모코 라이스 1,090엔. 맥주류 500엔

레드 랍스터 Red Lobster
미국 분위기가 물씬 풍기는 랍스터 전문점

빨갛고 커다란 랍스터 간판이 걸려있는 랍스터 전문점.
매장 곳곳에서 미국 분위기가 물씬 풍긴다. 매장 안으로
들어가면 입구 왼편으로 랍스터가 크기별로 진열되어 있는 수
족관이 보인다. 좌석은 내부와 테라스 석으로 나뉘며, 테라스 석은 오픈형이라 바닷바람을 맞
으며 주변경관을 감상하기에 좋다. 주 메뉴는 랍스터이며 크기에 따라 가격대가 달라진다. 주
문하면 살아있는 랍스터를 테이블로 가져와 보여준 뒤 조리에 들어간다. 조리방법은 찜과 구
이 중 선택가능. 랍스터 이외에도 파스타, 스테이크 등 다양한 메뉴를 즐길 수 있다.
단, 랍스터 가격대는 비싼 편이다.

맵 코 드	33 525 298*06
구 글 맵	26.315482, 127.755979
홈 페 이 지	www.redlobster.jp
전 화 번 호	098-923-0164
운 영	11:00~22:00(금·토·공휴일 전날 ~25:00)
예 산	랍스터 Regular 6990엔, Medium9990엔

북부(온나손)
恩納村

오키나와 여행의 하이라이트, 북부

북부는 크게 얀바루, 모토부(나고), 온나손 지역 등으로 나뉜다. 얀바루는 '오키나와의 아마존'으로 불리는 정글 지역으로 맹그로브숲, 대석림산, 최북단에 위치한 해도 곶 등이 있다. 모토부(나고)에는 오키나와 관광의 하이라이트라고 할 수 있는 츄라우미 수족관, 고우리 대교, 세소코 비치, 나고 파인애플파크, 오리온 해피파크 등의 볼거리가 있으며, 온나손에는 만자모, 부세나 해중공원 등의 볼거리가 모여있다.

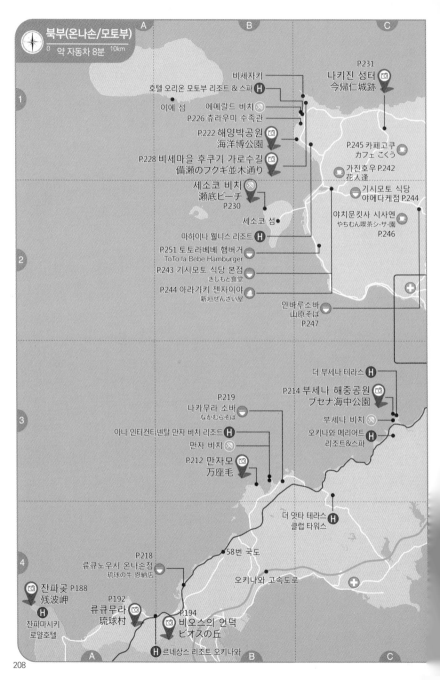

北部(온나손/모토부)
0 약 자동차 8분 10km

비세자키
호텔 오리온 모토부 리조트 & 스파 H
이에 섬   에메랄드 비치 ⊗
P.226 츄라우미 수족관
P.222 해양박공원
海洋博公園
P.228 비세마을 후쿠기 가로수길
備瀬のフクギ並木通り

P.231
나키진 성터
今帰仁城跡

P.245 카페고쿠
カフェ こくう

세소코 비치 ⊗
瀬底ビーチ
P.230
세소코 섬

가진호우 P.242
花人逢

기시모토 식당
야에다케점 P.244

마하이나 웰니스 리조트 H

야치문킷사 시사엔
やちむん喫茶シーサー園
P.246

P.251 토토라베베 햄버거
ToTo la Bebe Hamburger
P.243 기시모토 식당 본점
きしもと食堂
P.244 아라가키 젠자이야
新垣ぜんざい屋

얀바루소바
山原そば
P.247

더 부세나 테라스 H
P.214 부세나 해중공원
ブセナ海中公園
부세나 비치 ⊗
오키나와 메리어트 H
리조트&스파

P.219
나카무라 소바
なかむらそば
아나 인터컨티넨탈 만자 비치 리조트 H
만자 비치 ⊗
P.212 만자모
万座毛

더 앳타 테라스 H
클럽 타워스

P.218
류큐노우시 온나손점
琉球の牛 恩納店
58번 국도
오키나와 고속도로

잔파곶 P.188
残波岬
H 잔파마시키
로얄호텔
P.192
류큐무라
琉球村
P.194
비오스의 언덕
ビオスの丘
H 르네상스 리조트 오키나와

208

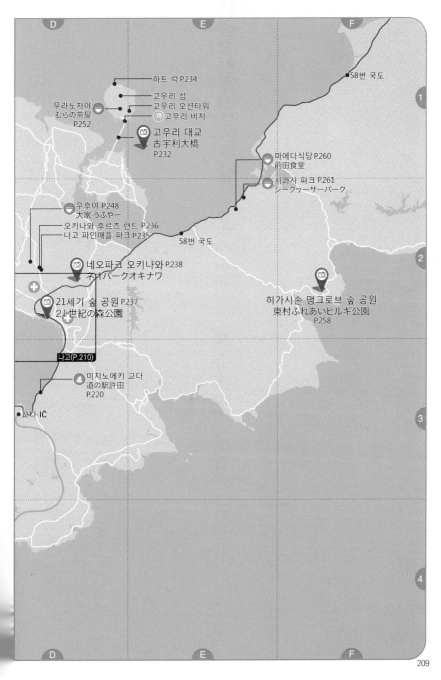

하트 락 P.234
고우리 섬
고우리 오션타워
고우리 비치
무라노차야
むらの茶屋
P.252
고우리 대교
古宇利大橋
P.232

58번 국도

마에다식당 P.260
前田食堂

시콰사 파크 P.261
シークヮーサーパーク

우후야 P.248
大家・うふやー
오키나와 후르츠 랜드 P.236
나고 파인애플 파크 P.235

58번 국도

네오파크 오키나와 P.238
ネオパークオキナワ

21세기 숲 공원 P.237
21世紀の森公園

히가시손 맹그로브 숲 공원
東村ふれあいヒルギ公園
P.258

나고(P.210)

미치노에키 교다
道の駅許田
P.220

교다 IC

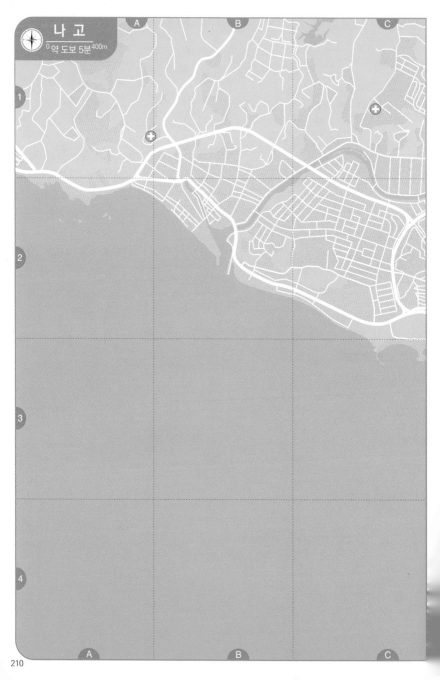

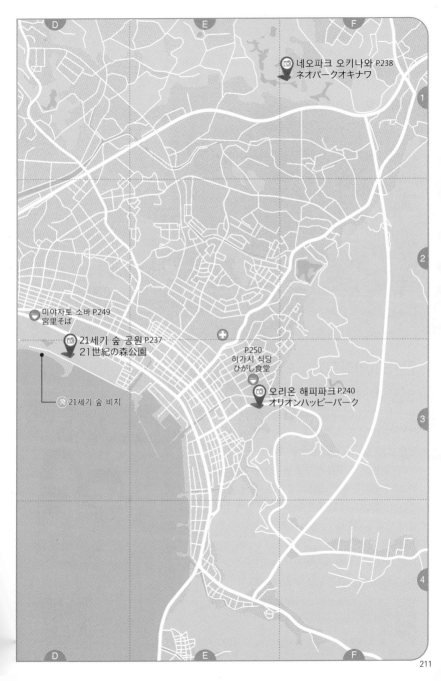

네오파크 오키나와 P.238
ネオパークオキナワ

미야자토 소바 P.249
宮里そば

21세기 숲 공원 P.237
21世紀の森公園

21세기 숲 비치

P.250
히가시 식당
ひがし食堂

오리온 해피파크 P.240
オリオンハッピーパーク

만자모(만좌모) 万座毛
코끼리를 닮은 절벽이 있는 곳

우리나라 여행객들에게도 잘 알려진 오키나와 팔경 중 하나로 코끼리 형상을 띤 절벽이다. 만자모는 단애 절벽 위에 펼쳐진 넓은 초원으로 18세기 초 류큐 국왕이 이 지역을 방문했을 때 '만 명을 앉을 수 있을 정도로 넓은 초원'라고 말한 것이 유래가 되어 '만자모'라는 이름이 붙었다. '모毛'는 오키나와 말로 초원을 의미하는데 이름 그대로 석회암 절벽 위로 천연잔디가 넓게 펼쳐져 있으며 그 주변의 식물군락은 오키나와 현 천연기념물로 지정되어 있다. 단애절벽에 부딪혀 하얗게 부서지는 거친 파도와 시원한 바닷바람, 에메랄드 바다의 아름다운 경치를 바라보면 자연의 웅대함이 느껴진다.

드라마 〈괜찮아 사랑이야〉의 포스터

맵 코 드 206 312 008*41 (주차장) P.208 B-3
구 글 맵 26.504095, 127.850604 (주차장)
이 용 료 무료
위　　치 나하공항에서 차로 약 60분 (고속도로 이용시)

드라마 〈괜찮아 사랑이야〉의 한 장면

드라마 〈괜찮아 사랑이야〉 촬영지 만자모.
실제 촬영이 이루어진 장소(첫번째 사진)는 일반인 출입 금지
구역으로 먼 발치에서 바라 볼 수 밖에 없다.

날씨에 따라 크게 달라지는 만자모의 풍경.

부세나 해중공원 ブセナ海中公園
오키나와 바다를 다양하게 체험할 수 있는 곳

오키나와 북부 부세나 곶에 위치한 해중공원으로 2000년
7월 G8 정상회담이 열릴 당시 각국 정상의 숙소와 회의장으
로도 사용되었던 고급 리조트인 부세나 테라스 호텔을 비롯해 다

해중공원 매표소

양한 시설과 볼거리가 모여있다. 특히 투명한 바다와 넓은 백사장이 펼쳐진 부세나 비치 ブセ
ナビーチ 를 비롯해 오키나와의 산호와 열대어를 관찰할 수 있는 해중전망탑 海中展望塔 과
바닷속을 볼 수 있는 글라스보트 グラス底ボ, 스노클링 등 호텔에 투숙하지 않는 관광객들도
여러 가지 액티비티를 즐길 수 있어 오키나와 북부를 여행하는 많은 관광객들이 찾는다. 공원
내에는 곳곳을 연결하는 무료셔틀버스가 운행된다. 한글 안내판 및 안내책자 있음.

맵 코 드	206 442 075　P.208 C-3
구 글 맵	26.537855, 127.936031
홈 페 이 지	www.busena-marinepark.com
이 용 료	부세나 비치 – 입장료 1인당 2000엔, 호텔 투숙고객 무료, 글라스보트+해중전망탑 세트 – 만 13세 이상 2100엔, 만 4~12세 1050엔
위　　치	나하공항에서 차로 70~90분

–해중전망탑 海中展望塔

360도 바닷속을 감상할 수 있는 수중 전망대

부세나 해중공원 앞으로 펼쳐진 에메랄드그린의 아름다운 바다에는 화려한 색의 열대어와 물고기들이 생식하고 있다. 리조트 앞바다 170m에 위치한 해중전망탑에서는 수심 5m에 있는 전망 플로어 창문을 통해 바다 밑으로 펼쳐지는 산호초의 바다와 화려한 색채의 아열대 물고기들을 볼 수 있다. 스노클링을 통해서만 감상할 수 있던 아름다운 바닷속 세계를 옷을 입은 채로 즐길 수 있으며 비가 오는 날에도 날씨가 좋지 않은 날에도 편안하게 바닷속을 들여다볼 수가 있다.

〈부세나 해중공원에서 만날 수 있는 물고기들〉
연중 따뜻한 오키나와의 기후는 열대·아열대 기후대에 속한다. 높은 투명도를 자랑하는 열대·아열대 바다에는 산호초 사이로 많은 생물들이 살고 있으며 좁은 산호 사이를 빠져나가기 위해 몸의 형태가 가늘고 화려한 색을 가진 물고기가 많은 것이 특징이다. 부세나 해중공원 앞바다에서는 '니모'로 잘 알려진 크라운피시(흰동가리)를 비롯해 코란엔젤, 담셀피시, 가면놀래기, 나비고기, 옐로우핀 고트피시 등 알록달록하고 아름다운 색깔의 물고기를 만날 수 있다.

운　　　영　09:00~18:00(11~3월 ~17:30)
입　장　료　만 13세 이상 1050엔, 만 4~12세 530엔
위　　　치　부세나 해중공원 내

-글라스 보트
グラス底ボ GLASS BOAT

고래 모양의 유리 바닥 보트를 타고 즐기는 20분간의 바닷속 산책.

부세나 리조트 앞바다에서는 상쾌한 바닷바람을 맞으며 남쪽 바다를 만끽할 수 있다. 배의 바닥에 설치된 유리를 통해 바닷속을 들여다보면 아름다운 산호초에서 형형색색의 열대어까지 부세나 해안 앞바다에서 서식하는 생물들을 바로 앞에서 관찰할 수 있으며 어린이부터 노인들까지 모두가 즐길 수 있다. 보트 내에서는 물고기 먹이주기 체험도 가능해 어린이를 동반한 가족여행객들에게 인기다! 한국어 팸플릿 있음.

1시간 3편 운행, 약 20분 소요.

운　　영　09:10~17:30(11~3월 ~17:00) , 20분 간격 운행
승 선 료　만 13세 이상 1560엔, 만 4~12세 780엔
위　　치　부세나 해중공원 내

Restaurant

류큐노우시 온나손점 琉球の牛 恩納店

최상의 소고기를 맛볼 수 있는 곳

우리나라 여행객들에게도 잘 알려진 소고기 전문점으로 가격대는 전체적으로 비싼 편이지만
입안에서 살살 녹는 소고기를 맛볼 수 있다. 한입에 쏙 들어갈 만한 작은 크기의 고기에서부
터 두툼한 스테이크까지. 매일 경매를 통해 들여온 품질 좋은 소고기를 최상의 상태에서 맛볼
수 있다. 주문을 하면 김치, 숙주나물, 고사리 나물 등 한국식 반찬 5개가 나온다. 매장은 온나
손과 아메리칸 빌리지 근처 차탄(北谷), 국제거리에 있으며 차탄점과 국제거리점은 저녁에만
영업한다. 특히 온나손점은 우리나라 여행객들이 즐겨 찾는 매장으로 대기시간이 긴 편이니
전화로 미리 예약하는 것이 좋다. (예약은 점심에만 가능). 한글 메뉴와 안내판 있음.

맵 코 드	206 096 716 P.208 B-4
구 글 맵	26.451994, 127.805574
홈 페 이 지	www.u-shi.net
전 화 번 호	098-965-2233
운 영	17:00~23:30
예 산	로스구이 2480엔~
위 치	만자모에서 차로 15분

차탄점(北谷店) 맵코드 33 555 019 / 전화 098-989-3405 / 영업 17:00~23:30
국제거리점(国際通り店) 맵코드33 157 447 / 전화 098-987-6150 / 운영 17:00 - 23:30

나카무라 소바 なかむらそば

만자모 근처에 위치한 인기 소바 전문점

58번 국도변에 위치한 오키나와 소바 전문점으로 가게 앞으로 푸른 바다와 하얀 모래사장이 펼쳐진다. 돼지고기와 가다랑어로 우려낸 깊고 깔끔한 국물에 쫄깃쫄깃한 면발이 특징. 인기메뉴는 오키나와 바다에서 난 미네랄이 풍부한 해초인 아사 アーサ 와 돼지고기, 어묵이 올려져 나오는 '아사소바 アーサそば'이며, 그 밖에도 돼지족발이 토핑으로 나오는 '테비치 소바 てびちそば', 그릇이 넘쳐 날 정도로 커다란 삼겹살이 얹혀져 나오는 '삼겹살소바 三枚肉そば' 등이 있다. 입구 자판기에서 식권을 구입한 후 종업원에게 건네면 테이블로 음식을 가져다 준다. 만자모에서도 가까워 많은 이들이 찾는다.

맵 코 드	206 314 302*63	P.208 B-3
구 글 맵	26.506759, 127.865442	
홈 페 이 지	www.nakamurasoba.com	
전 화 번 호	098-966-8005	
운 영	10:30~16:00, 1/1~5일 휴무	
예 산	아사소바 대(大)1200엔, 중(中) 1000엔, 테비치 소바 1500엔	
위 치	만자모에서 차로 5분	

미치노에키 교다 道の駅許田
옵빠 아이스크림으로 유명한 휴게소

교다 IC근처에 위치한 작고 허름한 휴게소로 오키나와 휴
게소 중 가장 유명하다. 오키나와 소바를 파는 식당을 비롯
해 튀김, 고로케, 빵, 아이스크림 등 간식을 파는 매점, 기념품점
등이 들어서 있으며, 이 휴게소의 인기메뉴인 옵빠 おっぱ 아이스크림을 맛보기 위해 많은 이
들이 찾는다. 가장 인기 있는 메뉴는 깊은 풍미의 밀크! 오키나와의 열대과일인 시콰사, 파인
애플, 베니이모(자색고구마) 등 다양한 맛을 즐길 수 있지만 다른 아이스크림과 별 차이는 없
으니 큰 기대는 하지 않는 것이 좋다. 매점 옆 티켓 판매소에서는 츄라우미 수족관, 나고 파인
애플 파크 관람용차 탑승권 등을 할인가로 구매할 수 있다.

맵 코 드	206 476 739*66 P.209 D-3
구 글 맵	26.552084, 127.969240
홈 페 이 지	www.yanbaru-b.co.jp
전 화 번 호	098-054-0880
운 영	08:30~19:00, 옵빠 아이스크림 11:00~17:00
위 치	교다(許田)IC에서 차로 3분. (별도의 주차장에 주차 후 육교로 들어가야 함)

북부(모토부·나고)
本部·名護

해양박공원 海洋博公園 Ocean Expo Park

오키나와 여행의 하이라이트

해양박공원은 1975년 오키나와국제 해양 박람회를 기념해 만들어진 국영 공원으로 오키나와를 대표하는 인기명소인 츄라우미 수족관이 있는 곳이다. 츄라우미 수족관 이외에도 바다를 배경으로 돌고래 쇼를 감상할 수 있는 오키짱 극장과 돌고래를 가까이에서 볼 수 있는 돌고래 라군, 해양문화관, 열대·아열대 식물원, 오키나와 향토마을, 열대드림센터, 에메랄드 비치 등 다양한 볼거리는 물론 레스토랑, 카페 등이 들어서 있어 하루 종일 시간을 보내기에도 좋아 가족단위 여행객들이 즐겨 찾는다. 공원 규모가 워낙 커서 걸어 다니기 힘들다면 공원 내 명소 13곳을 이어주는 셔틀버스인 전기 유람차를 이용해 보자. 5~30분 간격으로 운행된다.

맵 코 드	553 075 767*66 P.208 C-1	
구 글 맵	26.694154, 127.877922	
홈페이지	https://oki-park.jp/kaiyohaku	
전화번호	098-048-2741	
운 영	08:00~20:30 (10~2월 ~19:00)	
휴 관	매년 12월 첫째주 수·목요일은 시설점검으로 전체휴관	
위 치	나하공항에서 차로 약 2시간	

–오키짱 극장 オキちゃん劇場

푸른 바다를 배경으로 즐거운 돌고래 쇼를 무료로 감상할 수 있는 곳. 오키짱과 돌고래 친구들이 펼치는 역동적이고 놀라운 묘기를 감상할 수 있다.

운　　영　돌고래쇼 10:30, 11:30, 13:00, 15:00, 17:00
　　　　　다이버쇼 12:00, 14:00, 15:30

–돌고래 라군

돌고래를 바로 앞에서 관찰할 수 있는 곳. 돌고래의 형태나 몸의 구조, 츄라우미 수족관에서 이루어지는 건강관리 방법 등에 대해서 소개한다. 먹이주기 체험도 가능하다.

운　　영　09:30, 11:00, 13:30, 15:30, 먹이주기 체험 500엔

–에메랄드 비치 エメラルドビーチ

하얀 모래해변이 아름다운 에메랄드 빛의 인공 비치로 무료로 입장할 수 있어 츄라우미 수족관과 함께 둘러보기에 좋다. 여름에는 비치 주변에서 오키나와 최대의 불꽃축제인 오키나와 기념공원 불꽃축제가 열려 수만 명의 인파가 모인다.

운　　　영　4~10월 해수욕 가능

–이에 섬 & 이에 비치 伊江島 & 伊江ビーチ

츄라우미 수족관에서 바다 건너편으로 보이는 섬으로 자전거 여행을 즐기려는 이들이 찾는다. 이에 섬으로 가려면 모토부항 本部港 에서 이에지마항 伊江港 으로 가는 페리를 타면 된다.

홈 페 이 지　www.iejima.org
교　　　통　모토부항에서 페리로 30분 소요(하루 4편 운행)

–츄라우미 수족관 沖縄美ら海水族館
거대한 고래상어를 만나보자!

해양박공원 내 위치해 있는 츄라우미 수족관은 매년 300만 명 이상이 방문하는 곳으로 오키나와에 왔다면 필히 방문해야 할 명소이다. 우리나라에서는 TV프로그램 〈슈퍼맨이 돌아왔다〉에서 추블리 부녀가 방문하면서 더욱 많이 알려졌다. 수족관은 크게 4개 층으로 이루어져 있으며 4층은 넓은 바다로의 초대, 3층은 산호초로의 여행, 2층은 흑조로의 여행(구로시오 黒潮), 1층은 심해여행이라는 테마로 나누어져 있다. 수족관에서 절대 놓치지 말아야 할 볼거리는 흑조의 바다 대형 수조에 서식하는 거대한 고래상어! 높이 27m, 폭 35m, 깊이 10m에 달하는 세계 최대 규모의 수조 안에 있는 거대한 고래상어 3마리를 비롯해 대형 가오리 등 구로시오 해협에 서식하는 다양한 해양 생물들을 바로 눈앞에서 만날 수 있다. 수족관의 모습을 바로 옆에서 바라보며 휴식을 즐길 수 있는 카페도 자리하고 있다.

홈 페 이 지 https://oki-park.jp/kaiyohaku P.208 C-1
전 화 번 호 098-048-3748
운   영 08:30~20:00(10~2월 ~18:30), 입장은 마감 1시간전까지
입 장 료 일반 2180엔, 고등학생 1440엔, 초·중학생 710엔, 만 6세 미만 무료

비세마을 후쿠기 가로수길 備瀬のフクギ並木通り

오솔길을 거닐며 즐기는 여유로운 산책

오키나와에서는 예로부터 태풍과 바다에서 불어오는 강한 바람을 막기 위해 집 주위에 후쿠키 나무를 방풍림으로 심어왔다. 모토부 해안 끝자락에 위치한 어촌인 비세마을에는 후쿠기 나무 1000여 그루가 늘어서 있는 오솔길이 있는데 한가로운 산책을 즐길 수 있어 많은 이들이 찾는다. 후쿠키 나무는 해안까지 이어져 있으며 그중에는 수령 300년이 넘는 나무도 있다. 부드러운 바닷바람을 맞으며 가로수 길을 따라 천천히 걷거나 자전거나 물소를 빌려 마을 곳곳을 누벼보자. 마을 내에는 일반인들이 거주하는 250여 채의 민가가 있으니 함부로 들어가거나 큰소리로 떠들지 않도록 유의하자. 여름철에는 모기가 많으니 모기퇴치제는 필수. 마을 끝에는 작은 해변인 비세자키 備瀬崎가 있다.

맵 코 드 553 105 654*77　P.208 C-1
구 글 맵 26.701380, 127.880011
전화번호 098-048-2371
이 용 료 입장 무료
위　　치 츄라우미 수족관에서 차로 약 5분

보기엔 아름답지만 거친 표면을 가진 비세자키 해변, 발을 담그기 위해선 아쿠아 슈즈 착용 필수!

세소코 비치의 모래

세소코 섬 & 세소코 비치
瀬底島 & 瀬底ビーチ
하얀 백사장과 어우러진 에메랄드 빛 바다

세소코 섬은 북부 모토부 반도와 세소코 대교로 연결되어 있는 작은
섬으로 츄라우미 수족관에서 차로 약 20분 거리에 위치해 있다. 섬의 서쪽 끝에는 투명도가
뛰어나 스노클링 포인트로 유명한 세소코 비치가 있어 산책이나 해수욕을 즐기기에 좋다. 에
메랄드빛 바다와 새하얀 모래해변이 800m가량 펼쳐진 세소코 비치는 산호군이 넓게 펼쳐져
있어 스노클링을 즐기기에 좋고, 수심도 깊지 않아 어린이를 동반한 가족 여행객들이 즐기기
에도 좋다. 세소코 섬 내에는 아름다운 정원을 바라보며 음식과 음료를 즐길 수 있는 후우 카
페 fuu café 가 있다. (전화 098-047-4885 / 운영 11:00~15:30, 수·목 휴무)

맵 코 드	206 822 265*25 P.208 B-2
구 글 맵	26.649988, 127.856116
홈 페 이 지	www.sesokobeach.jp
운 영	수영 4~10월 09:00~17:00
이 용 료	주차비 1000엔
위 치	나하공항에서 차로 약 90분. 츄라우미 수족관에서 차로 약 20분

나키진 성터 今帰仁城跡

오키나와의 만리장성으로 불리는 곳

류큐왕국이 통일되기 이전인 13세기 말경 방어를 목적
으로 축성된 성으로 해발 90m 높이의 언덕에 세워졌다. 고
생대 석회암이라 불리는 단단한 바위를 쌓아 만든 성벽의 높이는
3~8m, 거리는 약 1.5km에 이르며 오키나와의 만리장성으로도 불린다. 성벽으로 둘러싸인
넓은 부지는 조용하고 한적해 여유롭게 산책을 즐기기에 좋으며 1월 말~2월 초에는 벚꽃과
어우러진 아름다운 풍경을 감상할 수 있다. 성문에서 본성까지는 돌길이 이어지며 일대를 둘
러보는 데는 약 1시간 정도 소요된다. 2000년 12월, 유네스코 세계문화유산에 등재되었다.

*한낮이나 여름철에는 매우 더우니 되도록 방문을 피하는 것이 좋다.

맵 코 드	553 081 414*17 P.208 C-1
구 글 맵	26.691273, 127.929030
홈 페 이 지	www.nakijinjoseki-osi.jp
운　　영	08:00~18:00 (5~8월 ~19:00), 연중무휴
입 장 료	일반 600엔, 초중고생 450엔, 초등학생 미만 무료
위　　치	츄라우미 수족관에서 차로 약 15분

고우리 대교 & 고우리 섬 古宇利大橋 & 古宇利島

에메랄드 바다 위를 건너는 드라이브 코스

고우리 섬 古宇利島 과 야가지 섬 屋我地島 을 잇는 약 2km의 다리로 오키나와 현 내에서 두 번째로 길다. 2005년 개통한 고우리 대교는 아름다운 풍광을 자랑하는 오키나와 최고의 드라이브 코스로도 꼽히며 고우리 대교 양 옆으로 투명한 에메랄드 빛 바다가 펼쳐져 있어 바다 위를 달리는 듯한 착각이 들 정도다. 고우리 섬은 오키나와 판 '아담과 이브'의 신화가 전해지는 사랑의 섬으로 하늘에서 내려온 남녀가 이 땅에 내려와 생활하고 인류가 번영했다는 전설이 전해지기도 한다. 고우리 대교 입구 양쪽 끝에는 쉬림프 웨건 Shrimp wagon 을 비롯한 이동식 차량매점과 카페 등이 들어서 있으며, 고우리 비치, 고우리 오션타워, 하트 락 등의 볼거리가 있다. 고우리 섬을 차로 한 바퀴 다 도는 데는 약 20분 정도 걸린다.

맵 코 드	485 632 788*60 P.209 D-1 P.254 B-3
구 글 맵	26.686206, 128.017158
홈페이지	http://shrimp-wagon.com/ko
이 용 료	통행료 무료
위 치	츄라우미 수족관에서 차로 약 20분

-고우리 비치 古宇利ビーチ

고우리 대교를 가로질러 고우리 섬 입구 양쪽에 펼쳐지는 에메랄드 빛의 천연비치. 낮에는 새하얀 백사장에서 수영이나 물놀이를 즐기기에 좋고, 저녁에는 반짝반짝 빛나는 별을 감상하기에 좋다.

맵 코 드 485 692 187*47 **구글맵** 26.694617, 128.021470
위   치 츄라우미 수족관에서 차로 약 30분

-고우리 오션타워 古宇利オーシャンタワー Kouri Ocean Tower

바다와 어우러진 아름다운 경치를 바라볼 수 있는 전망타워. 타워 내에는 세계 각국에서 수집한 조개 1만여점을 전시하고 있는 조개 박물관, 바다를 바라보며 피자, 카레 등을 즐길 수 있는 레스토랑, 기념품숍 등이 있다.

맵 코 드 485 692 187*47 **구글맵** 26.694617, 128.021470
운   영 10:00~17:00(토·일·공~18:00), 연중무휴
입 장 료 만 16세 이상 1000엔, 만 6~15세 500엔
위   치 츄라우미 수족관에서 차로 약 25분

–하트 락 ハートロック Heart Rock
고우리 섬에 있는 하트 모양의 바위

하트 락은 고우리 섬 북부에 있는 하트 모양의 바위로 일본 CF에도 등장해 고우리 섬의 새로운 명소로 사랑받고 있다. 고우리 섬은 오키나와 판 '아담과 이브' 전설이 남아있어 '사랑의 섬'으로 불리는 데다, 귀여운 하트 모양의 바위까지 있어 신혼부부나 연인 등이 즐겨 찾는다. 특히 해안 침식으로 만들어진 하트 락은 보이는 모양이 하트와 비슷하지만, 보는 각도에 따라 바위 두 개가 합쳐져 가운데 또 하나의 하트 모양이 생긴다. 해 질 무렵에는 석양이 비친 모습도 아름답다. 일부러 찾아갈 필요까지는 없지만 고우리 섬에 왔다면 같이 한번 들러보자. 하트 락으로 가려면 주차를 하고 거칠고 울퉁불퉁한 길을 따라 걸어가야 하니 되도록 편한 신발을 신고 가는 것이 좋다.

맵 코 드　485 751 209*71　P.209 D-1　P.254 B-3
구 글 맵　26.713931, 128.014725
이 용 료　주차료 1시간 100~300엔(주차장 위치별로 다름)
위　　치　고우리 대교에서 차로 10분

나고 파인애플 파크
NAGO PINEAPPLE PARK
파인애플을 주제로 한 테마공원

오키나와의 특산품인 파인애플을 테마로 한 공원으로 파인
애플의 모든 것을 체험할 수 있다. 파인애플 모양으로 생긴 전동 카
트 파인애플호를 타고 100여 종의 다양한 파인애플이 자라고 있는 모습과 1000여 종의 아열
대 식물이 가득한 열대 농원 내부를 둘러볼 수 있으며 다양한 종류의 파인애플을 시식할 수도
있다. 와이너리에서는 파인애플 와인의 제조 공정을 견학하고 파인애플 와인, 파인애플 주스
등을 시음해 볼 수 있으며, 상점 안에서는 파인애플을 이용해 만든 파이, 카스텔라, 초콜릿,
과자 등 다양한 메뉴를 시식하고 기념품도 구매할 수 있다. 내부는 사진촬영이 금지된다.

맵 코 드	206 716 467*85 P.209 D-2
구 글 맵	26.616489, 127.969579
홈 페 이 지	www.nagopine.com
운 영	10:00~18:00, 연중무휴
입 장 료	만 16세 이상 1200엔, 만 4~15세 600엔
위 치	츄라우미 수족관에서 차로 약 30분

오키나와 후르츠 랜드 フルーツらんど
OKINAWA FRUITS LAND
아열대의 다양한 모습을 체험할 수 있는 곳

아열대 자연을 체험할 수 있는 테마공원. 공원은 크게 3가지 테마로 나누어져 있는데, 첫 번째는 열대과일이 가득한 후르츠 존, 두 번째는 일본 최대의 대형 나비가 날아다니는 나비 존, 세 번째는 아열대의 알록달록한 새들과 만날 수 있는 버드 존 등이다. 접수대에서 스탬프 카드를 받아 코스를 따라가며 그림책 '트로피컬 왕국 이야기'의 수수께끼를 풀어 스탬프를 모으는 체험도 할 수 있는데, 그리 흥미롭지는 않으니 큰 기대는 하지 말자. 후르츠 존에는 바나나, 망고, 파인애플, 파파야, 시쿼사 등 오키나와의 열대과일이 나무에 주렁주렁 열려있으며, 기념품숍에서는 열대과일을 비롯해 과일을 이용한 젤리, 과자 등을 판매하고 있다.

맵 코 드	206 716 585*30 P.209 D-2
구 글 맵	26.617740, 127.969111
홈 페 이 지	www.okinawa-fruitsland.com
운 영	10:00~18:00, 연중무휴
입 장 료	고등학생 이상 1200엔, 만 4세 이상 600엔
위 치	츄라우미 수족관에서 차로 약 30분. 나고 파인애플 파크 바로 옆

21세기 숲 공원 & 비치 21世紀の森公園 &ビーチ

넓은 녹지공간과 해변이 공존하는 곳

21세기 숲 공원의 넓은 녹지공간에는 나고 시에서 운영하는 야구장, 축구장 등 다양한 스포츠 시설은 물론 캠프장, 바비큐 시설 등이 복합적으로 모여있어 현지인들의 시민공원으로 많은 사랑을 받고 있다. 또한 바로 옆에는 조깅과 산책, 물놀이 등을 즐길 수 있는 인공해변인 21세기 숲 비치까지 있어 더욱 좋다. 인공비치이기는 하지만 바다색이 아름답고 조수간만의 영향도 적어 어린이들이 놀기에도 좋다. 다른 해변에 비해 사람도 적은 편이라 여유롭게 즐길 수 있으며 해 질 녘 석양도 아름답다. 숙소가 근처에 있거나 도보 15분 거리에 위치한 미야자토소바 宮里そば (P.249)를 방문할 계획이라면 한번 들러보자.

맵 코 드	206 626 407*41 P.211 D-2
구 글 맵	26.591063, 127.969746
운 영	수영가능기간 5~9월 09:00~18:30
입 장 료	입장 무료
위 치	나하공항에서 차로 약1시간10분
	교다(許田)IC에서 차로 약10분

네오파크 오키나와 (나고자연동식물원)
ネオパークオキナワ NEOPARK OKINAWA
열대지방의 다양한 동식물을 만날 수 있는 곳

중남미·오세아니아·아프리카 등 열대 지방의 동식물을 사육하고 있는 체험형 동식물원으로 공작새, 타조, 라마, 거북이 등 다양한 동식물을 만날 수 있다. 특히 광대한 대지 안에 자연에 가까운 상태로 동물을 방목 사육하고 있으며, 국제적으로 희소한 야생동물이나 아마존 강의 거대 담수어인 길이 2m의 피라루크가 헤엄치는 모습도 감상할 수 있다. 또한 오키나와 경편철도에서 최초로 도입된 기관차를 타고 20분 동안 1.2㎞의 레일 위를 달리며 원 내의 진귀한 동물들을 관찰할 수 있어 어린이를 동반한 가족여행객들이 즐겨 찾는다. 강아지, 토끼, 염소 등 동물들을 직접 만져볼 수도 있으며 먹이주기 체험도 가능하다. 한글 안내책자 있음

맵 코 드	206 689 725*11 P.209 D-2 P.211 F-1
구 글 맵	26.610697, 127.991541
홈페이지	www.neopark.co.jp
운 영	09:30~17:30, 연중무휴
입 장 료	만 13세 이상 1300~1600엔, 만 4~12세 700~900엔 (방문 시기별로 다름)
위 치	교다(許田)IC에서 차로 약 20분

오리온 해피파크 フオリオンハッピーパーク
ORION HAPPY PARK

오키나와를 대표하는 '오리온 맥주' 공장

오키나와에서만 만날 수 있는 맥주 브랜드 '오리온'의 나고 공장으로 공장견학은 물론 신선한 맥주까지 시음할 수 있어 맥주 마니아들에게 인기다. 맥주가 만들어지기까지의 제조공정을 가이드와 함께 견학할 수 있으며, 견학이 끝나면 갓 만들어진 오리온 드래프트를 2잔까지 시음할 수 있다. 운전자나 미성년자들에게는 무알코올 음료를 제공하고 있다. 공장 내에는 얀바루의 식재료를 활용해 오키나와 요리를 선보이는 레스토랑과 오리온 관련 제품을 구매할 수 있는 기념품 숍도 있다. 견학은 약 35분간 소요되며 시음까지 총 1시간 정도 소요된다. 방문전 홈페이지에서 예약하고 방문하는 것이 좋다.

맵 코 드	206 598 867*44 P.211 E-3
구 글 맵	26.586943, 127.989154
홈 페 이 지	www.orionbeer.co.jp/happypark
전 화 번 호	098-054-4103
운 영	09:30~17:00 (수·목 휴관)
관 람 료	만 18세 이상 500엔, 만 7~17세 200엔
위 치	나하공항에서 차로 100분 또는 교다(許田)IC에서 차로 10분

Restaurant

가진호우 花人逢

아름다운 뷰를 감상할 수 있는 인기 카페

오키나와의 옛 민가를 개조해 만든 인기만점의 피자 카페로 언덕 위에 위치해 오키나와의 아름다운 경치를 한눈에 내려다 볼 수 있다. 메뉴는 피자, 샐러드, 생과일 주스 밖에 없지만 유명 카페답게 식사 시간대와 상관없이 언제나 많은 이들이 찾아 대기는 기본이다. 하지만 멋진 주변 경치를 감상하고 사진을 찍으며 기다리다 보면 금방 차례가 온다. 매장 입구에 있는 대기자 명단에 이름과 인원수, 선호좌석 등을 영어로 적고 기다리면 대기순서대로 이름을 호명한다. 매장 안팎으로 총 70개의 테이블석이 마련되어 있다.

맵 코 드   206 888 669*22   P.208 C-1
구 글 맵   26.668571, 127.900693
홈페이지   http://kajinhou.com
전화번호   098-047-5537
운   영   11:30~19:00, 화·수휴무, 연말연시 휴무
예   산   주스류 400엔~, 피자(소) 1300엔
위   치   츄라우미 수족관에서 차로 약 15분

기시모토식당 본점 きしもと食堂

110년 전통의 오키나와 소바 전문점

1905년에 문을 연 오키나와 북부를 대표하는 소바집
으로 허름한 외관이 세월을 말해준다. 일본 현지인들은
물론 관광객들도 즐겨 찾는 맛집이다. 3대째 내려오는 전통기
법을 고수해 가츠오부시와 돼지 뼈를 넣어 우려낸 진한 국물과 직접 뽑아낸 탱탱한 면발이 특
징. 소바는 크기에 따라 소, 대로 나뉘며 오키나와 영양밥인 쥬시도 맛있다. 입구에 비치된 자
동판매기에서 식권을 구입한 뒤 직원에게 건네면 소바를 갖다 준다. 본점에서 차로 5분거리
에는 분점인 기시모토식당 야에다케점 八重岳店 (MAP208 C-2)이 있다.

맵 코 드	206 857 711*76	P.208 C-2
구 글 맵	26.660348, 127.895858	
전화번호	098-047-2887	
운 영	11:00~17:00 (재료 소진시 영업종료), 수요일 휴무	
예 산	700엔~	
위 치	츄라우미 수족관에서 차로 약 15분	

기시모토 식당 야에다케점 きしもと食堂 八重岳店 　P.208 C-2

기시모토 본점에서 차로 5분 거리에 있는 분점으로 도로변에 위치해 찾기가 쉽고 본점에 비해 대기줄도 짧다.
맛은 본점에 비해 덜하지만 본점이 정기휴일이라면 들러보자.

맵코드 206 859 346*30 / 구글맵 26.657190, 127.911006 / 운영 11:00~19:00, 연중무휴 / 위치 츄라우미 수족관에서 차로 약 15분

아라가키 젠자이야 新垣ぜんざい屋 　P.208 A-2

기시모토 식당 본점 바로 옆에 위치한 젠자이 전문점. 젠자이 ぜんざい는 일본식 단팥죽이지만 이 집의 젠자이는 팥빙수에 더 가깝
다. 수북하게 쌓인 하얀 빙수 안에는 흑설탕으로 버무린 팥이 들어 있다. 하루 300개 한정으로 여름철에는 금방 떨어진다.

맵코드 206 857 741*71 / 구글맵 26.660586, 127.895858 / 운영 12:00~18:00(재료소진시 영업종료), 월요일 휴무

카페고쿠 カフェ こくう

풍광 좋은 언덕에서 즐기는 건강한 식사와 휴식

부부가 운영하는 소박한 레스토랑 겸 카페로 채식위주
의 일본 가정식을 맛볼 수 있다. 높은 언덕 위에 자리하고
있어 올라가는 산길이 험하기는 하지만 멀리 내려다 보이는 바
다와 주변풍경이 아름다워 차분하고 조용하게 분위기를 즐길 수 있다. 정갈한 차와 음식이 담
겨 나오는 주전자, 찻잔, 접시 등 도자기 또한 멋스럽다. 대표메뉴는 고슬고슬한 현미밥과 된
장국, 오키나와 채소로 만든 유기농 샐러드와 절임반찬 등이 나오는 정식인 '고쿠 플레이트こ
くうプレート'. 식사메뉴 이외에도 다양한 차와 주스, 커피도 즐길 수 있다. 가게가 오픈형이
라 모기가 많으니 주의할 것!

맵 코 드   553 053 127*41 P.208 C-1
구 글 맵   26.680193, 127.941925
홈 페 이 지   https://www.instagram.com/cafe_koku_okinawa/?hl=ja
전 화 번 호   098-056-1321
운   영   11:30~16:00, 일·월요일 휴무, 연말연시 휴무
예   산   고쿠B 2100엔
위   치   츄라우미 수족관에서 차로 30분

야치문킷사 시사엔 やちむん喫茶シーサ-園
고즈넉한 산중 카페에서 즐기는 휴식

오키나와를 배경으로 하는 영화와 드라마에 자주 등장하는 카페로
오래된 산중 민가를 개조해 만들었다. 드라마 〈괜찮아 사랑이야〉에도
등장해 우리나라 여행객들도 즐겨 찾는다. 2층 테라스 석에서는 지붕 위
에 앉아있는 다양한 모습의 시사를 감상하며 차와 간식을 즐길 수 있으며, 특히 벚꽃이 만개
하는 1월말~2월초에는 아름다운 벚꽃까지 감상할 수 있다. 메뉴는 생과일 주스, 커피, 오키
나와식 팥빙수인 젠자이, 부침개 등 간단한 메뉴분이지만 맑은 공기와 아름다운 풍경을 즐기
며 휴식을 취하기에 좋다. 테라스가 오픈형이고 주변에 나무가 많아 모기가 많으니 모기퇴치
제나 긴 옷을 준비하는 것이 좋다.

맵 코 드	206 803 695*28 P.208 C-2
구 글 맵	26.643836, 127.941193
전화번호	098-047-2160
운 영	11:00~18:00, 월요일 휴무(공휴일일 경우 다음날 휴무)
예 산	음료 600엔
위 치	츄라우미 수족관에서 차로 30분

얀바루소바 山原そば

현지인들이 즐겨 찾는 오키나와 소바 맛집

1973년 문을 연 오키나와 소바 전문점. 가게 간판도
잘 보이지 않고 허름한 외관의 오래된 가정집처럼 생겼
지만 오키나와에서 꼭 들러야 할 오키나와 대표소바 전문점이
다. 우리나라 여행객들에게는 아직 잘 알려져 있지 않지만 일본 현지인들에게는 너무나도 유
명한 맛집이다. 돼지 뼈와 가다랑어 포를 우려내 깊으면서도 깔끔한 국물 맛이 일품이다. 대
표 메뉴는 갈비뼈가 올려져 나오는 '갈비소바 ソーキそば', '삼겹살소바 三枚肉そば', '어린이
소바 子供そば' 등이며 양에 따라 대와 소로 나뉜다. 재료소진 시 영업이 종료되니 꼭 맛보고
싶다면 오픈 시간에 잘 맞춰가는 것이 좋다.

맵 코 드   206 834 514*44 P.208 C-2
구 글 맵   26.650532, 127.949481
전화번호   098-047-4552
운   영   11:00~15:00(재료소진시 영업종료), 월·화휴무
예   산   갈비소바(소)700엔, 삼겹살소바(소)600엔, 어린이소바 350엔
위   치   츄라우미 수족관에서 차로 25분

우후야 大家·うふやー

백년 전통의 고가에서 즐기는 식사

1901년 메이지 시대 후기에 건축된 전통가옥을 복원해 만든 레스토랑. 시원스러운 폭포소리를 들으며 오키나와 흑 돼지인 아구와 오키나와 소바 등을 즐길 수 있다. 우리나라 드라 마와 예능프로그램에도 자주 등장하면서 오키나와를 방문하는 한국인 관광객들의 필수코스 가 되었다. 점심 메뉴에는 오키나와 전통 흑 돼지 요리인 '아구 덮밥アグーの生姜 焼き丼', '아구소바세트 アグーの肉そばセット' 등이 있으며, 저녁에는 10여개의 요리가 차례대로 나 오는 코스요리만 주문 가능하다. 우리나라를 비롯한 동남아 관광객들로 항상 문전성시를 이 뤄 대기시간이 긴 편이다.

맵 코 드	206 745 056*82 P.209 D-2
구 글 맵	26.620996, 127.963672
홈페이지	https://ufuya.com
전화번호	098-053-0280
운 영	점심 11:00~16:00, 저녁 18:00~21:00
예 산	점심 1800엔~, 코스요리 4380엔~
위 치	츄라우미 수족관에서 차로 30분

미야자토 소바 宮里そば

나고를 대표하는 오키나와 소바집

현지인들이 즐겨 찾는 소바 전문점으로 허름한 외관과 빨간색 체크무늬의 식탁보가 촌스러우면서도 정겹다. 대표메뉴는 가다랑어와 다시마로 우려낸 깊고 깔끔한 국물의 오키나와 소바이며, 토핑에 따라 갈비뼈가 올려져 나오는 '갈비소바 ソーキそば', '삼겹살소바 三枚肉そば', '다시마소바 こんぶそば' 등으로 나뉜다. 식권 자판기에서 원하는 식권을 뽑은 뒤 직원에게 건네면 주문 완료. 가격도 저렴한데다 도보 15분 거리에 21세기 숲 공원과 비치가 있어 근처에 놀러 온 사람들이 많이 찾는다. 재료소진 시 영업이 종료된다.

맵 코 드	206 626 741*63 `P.211 D-2`
구 글 맵	26.593981, 127.970721
전화번호	098-054-1444
운 영	10:00~17:00 (재료소진 시 영업종료), 일요일 휴무
예 산	갈비소바 700엔, 다시마소바 500엔
위 치	교다(許田) IC에서 차로 15분

히가시 식당 ひがし食堂

삼색빙수는 물론 오키나와 요리까지

주택가 한적한 곳에 위치한 조그만 식당으로 그야말로 동네 사람들이 즐겨 찾는 가정식 맛집이다. 불량식품 같지만 알록달록하면서도 맛있어 보이는 삼색빙수를 파는 식당으로 더 많이 알려져 있지만, 디저트만이 아니라 두부 챤푸르 정식, 오키나와 소바 등을 비롯해 돈가츠, 카레, 오므라이스 등 20여가지의 다양한 식사메뉴를 맛볼 수 있으며, 빙수의 종류도 20여가지가 넘는다. 보기에는 화려한 삼색빙수가 더 맛있어 보이지만 다소 심심해 보이는 밀크젠자이(우유빙수)의 깊고 고소한 풍미에 자꾸만 더 손이 간다. 도보 5분거리에 오리온 맥주공장인 오리온 해피파크가 있어 오가며 들르기에도 좋다.

맵 코 드	206 628 176*25 P.211 E-3
구 글 맵	26.588817, 127.988688
전화번호	098-053-4084
운 영	11:00~18:30
예 산	빙수류 400엔~, 식사류 700엔~
위 치	교다(許田)IC에서 차로 10분. 오리온 해피파크에서 도보 5분

토토라베베 햄버거
ToTo la Bebe Hamburger

저렴한 가격에 만나는 맛있는 수제버거

한적한 마을에 위치해있어 우리나라 여행객들에게는 아직 생소한 곳이지만 현지인들이 즐겨 찾는 수제버거 전문점이다. 홋카이도 산 밀가루 반죽으로 매일 아침 오븐에서 직접 구워낸 고소한 빵과 육즙 가득한 스모키향의 패티가 어우러진 맛있는 수제버거를 만날 수 있다. 대표메뉴는 가게이름을 딴 기본 버거인 '토토라버거ととらバーガー'와 독자적인 배합으로 들어낸 향신료와 소금에 절여 저온에서 1주일 숙성시킨 수제 베이컨과 상추, 토마토가 들어간 '비엘티버거 BLTバーガー', 모든 토핑이 들어간 '스페셜버거 スペシャルバーガー'도 맛있다.

맵 코 드	206 766 082*28　P.208 C-2
구 글 맵	26.629661, 127.887560
홈 페 이 지	www.totolabebe-hamburger.com
전 화 번 호	098-047-5400
운　　　영	11:00~15:00(재료 소진시 영업종료) 목요일 휴무 (공휴일일 경우 다음날 휴무)
예　　　산	토토라버거 880엔~, 스페셜버거 1380엔~
위　　　치	츄라우미 수족관에서 차로 15분

무라노차야 むらの茶屋
맛있는 음식과 경치를 즐길 수 있는 카페 겸 식당

고우리 섬 고지대에 조용히 자리 잡은 카페 겸 식당으로
좌석 앞으로 난 커다란 창문을 통해 고우리 섬의 경치를 감
상할 수 있다. 이 집에서는 아구정식, 고야 찬푸르, 오키나와 소바
등 오키나와 전통요리는 물론 인근 바다에서 잡은 신선한 조개, 바다포도, 큰 실말, 성게 등
다양한 해산물을 즐길 수 있다. 모든 정식 메뉴에는 밥과 미소국, 야채절임 등이 딸려 나온다.
또한 다진 고기와 치즈, 양상추, 토마토를 밥 위에 얹고 살사 소스를 뿌린 타코 라이스도 일
품. 식사류 이외에도 커피, 아세로라, 패션후르츠 주스 등 음료와 팥빙수도 맛볼 수 있다. 일
본어 메뉴판밖에 없지만 음식사진이 크게 들어가 있어 주문하기에 어렵지 않다.

맵 코 드	485 692 554*25 P.209 D-1
구 글 맵	26.700745, 128.018728
홈 페 이 지	www.kourijima-muranochaya.com
전 화 번 호	098-056-5773
운 영	11:00~16:00, 수요일 휴무
예 산	식사류 800엔~, 음료류 500엔~
위 치	고우리 대교에서 차로 7분

북부(얀바루)
山原

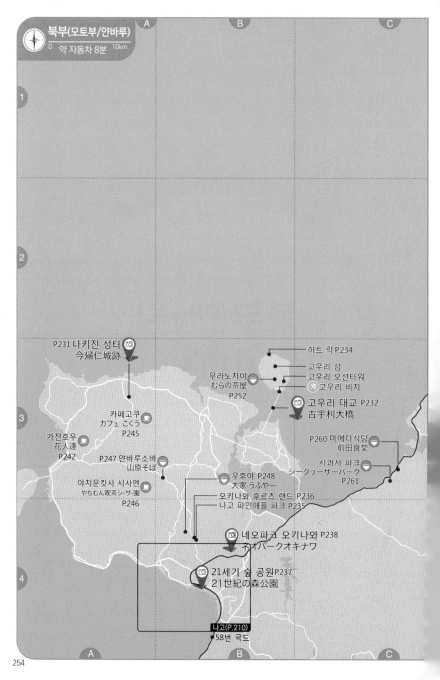

P.231 나키진 성터
今帰仁城跡

하트 락 P.234

고우리 섬
고우리 오션타워
고우리 비치

무라노차야
むらの茶屋
P.252

고우리 대교 P.232
古宇利大橋

카페고쿠
カフェ こくう
P.245

가진호우
花人逢
P.242

P.260 마에다식당
前田食堂

P.247 얀바루소바
山原そば

시과사 파크
シークヮーサーパーク
P.261

야치문킷사 시사엔
やちむん喫茶シーサー園
P.246

우후야 P.248
大家·うふやー

오키나와 후르츠 랜드 P.236
나고 파인애플 파크 P.235

네오파크 오키나와 P.238
ネオパークオキナワ

21세기 숲 공원 P.237
21世紀の森公園

나고(P.210)
58번 국도

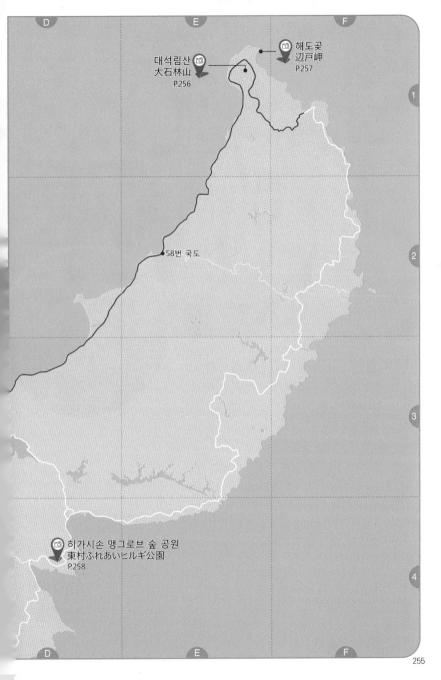

해도곶
辺戸岬
P.257

대석림산
大石林山
P.256

58번 국도

히가시손 맹그로브 숲 공원
東村ふれあいヒルギ公園
P.258

대석림산 (다이세키린잔) 大石林山

아열대의 숲과 기암석을 체험할 수 있는 트래킹코스

해도곶과 마주보고 있는 해발 175m의 기암석의 산악지역으로 오
키나와 본섬에서 가장 북쪽에 위치한 마을인 얀바루 山原 북부에 위치해 있다. 류큐왕국시대
에는 왕가의 번영, 풍작, 항해, 안전을 이곳에서 기원했다고 한다. 세계에서 가장 북쪽에 있는
열대 카르스트 지형으로 2억년 전의 석회암층이 융기하여 생긴 기암석, 고석, 아열대 숲 등
다양한 경치를 즐길 수 있으며 남녀노소 걷기 쉬운 트래킹 코스로 사랑 받고 있다. 코스는 ①
거암·석림 감동 코스(1km) ②츄라우미 전망대 코스(700m) ③배리어 프리 코스(600m) ④
아열대 자연림 코스(1km) 등 총 4개가 있으며 코스별로 약 30분~1시간 정도 소요된다. 매표
소에 트레킹 입구까지 셔틀버스를 타고 이동하는 것이 편리하다.

맵 코 드	728 675 895*60 P.255 E-1
구 글 맵	26.861989, 128.255154
홈 페 이 지	www.sekirinzan.com
운　　영	09:30~17:30(최종 접수 16:30)
이 용 료	만 15세 이상 1200엔, 만 4~14세 550엔
위　　치	해도곶에서 차로 10분. 교다(許田)IC에서 차로 70분

해도곶 (해도미사키) 辺戸岬
탁 트인 전망과 넓은 바다를 감상할 수 있는 곳

58번 국도의 가장 끝. 오키나와 본섬 최북단에 위치한
절벽으로 탁 트인 전망과 넓은 바다를 감상할 수 있다. 절
벽 아래로 태평양과 동중국해가 이어지는 바다에서 밀려오는 거
센 파도의 물보라와 강한 바람을 온몸으로 체험할 수 있어 가슴 속까지 시원해진다. 공원 내
에 세워진 닭처럼 생긴 조형물은 이 일대에서 서식하는 오키나와 새의 종류로 가고시마 현의
요론지마 与論島 라는 섬과 오키나와의 우호를 기원하며 세운 비석이며, 중간에 세워져 있는
기념비는 오키나와가 일본에 다시 복귀된 날을 기념해 세워진 조국복귀투쟁비 祖国復帰の
碑 이다. 현지인들의 새해 해돋이 명소로 유명하지만 다른 명소와 거리가 많이 떨어져 있으니
숙소가 근처라면 한번 들러보자.

맵 코 드	728 736 209*44 P.255 E-1
구 글 맵	26.872479, 128.264675
전화번호	098-041-2101
입 장 료	입장무료
위　　치	교다(許田)IC에서 차로 70분

히가시손 맹그로브 숲 공원 東村ふれあいヒルギ公園

맹그로브 숲에서 즐기는 에코투어

맹그로브는 아열대 지역의 강과 바다가 만나는 강 하구나 갯벌에서 자라는 나무로 오키나와 북부 얀바루에서는 맹그로브 숲을 체험할 수 있다. 맹그로브 숲 공원에서는 카약, 카누, 산책로 트래킹 등 다양한 에코투어를 즐길 수 있으며, 물고기와 게 등 맹그로브 숲에 서식하는 작은 생물들을 만날 수 있다. 카약은 만3세이상 체험이 가능하며 초보자도 쉽게 탈수 있어 부담없이 즐길 수 있다. 체험은 업체별 약속 장소에 모인 뒤, 가이드의 설명과 함께 진행된다. (설명은 영어나 일본어로 진행) 체험 시에는 햇빛을 가릴 수 있는 긴 옷이나 모자, 선글라스 등을 준비하고, 갈아입을 옷을 챙겨가는 것이 좋다. 체험은 홈페이지나 전화로 하루 전까지 예약해야 한다.

이 용 료 투어요금 1시간 30분 코스 - 중학생이상 4500엔(투어업체별로 다름)　P.255 D-4

투 어 업 체 에코투어 푸카푸카 エコツアー　プカプカ
www.eco-pukapuka.com / 098-051-2155
얀바루 클럽 やんばる・クラブ
www.yanbaru-club.com / 098-043-6085
얀바루 자연학원 はやんばる自然塾
https://gesashi.com / 098-043-2571

Restaurant

마에다식당 前田食堂
현지인들이 즐겨 찾는 소고기 숙주소바

1971년 문을 연 오키나와 소바 전문점으로 현지인들의
많은 사랑을 받고 있다. 메뉴는 크게 소고기 소바와 소키소
바, 섬돼지 소바 등으로 나뉘며 크기에 따라 소/대로 나뉜다. 추
천메뉴는 소고기는 물론 후추와 불 맛이 어우러진 숙주가 수북이 담겨 나오는 '소고기 소바
牛肉そば' 로 우리 입맛에도 잘 맞는다. 갈비, 삼겹살, 족발 3가지가 모두 토핑으로 올려져 나
오는 '삼미소바 三味そば'와 섬돼지가 올려져 나오는 '섬돼지 소바 島豚そば' 등도 있다. 오
키나와 소바 이외에도 비프가츠와 찬푸르 등 오키나와 전통음식도 맛볼 수 있다. 메뉴판에 음
식사진이 크게 들어가 있어 주문하기에 어렵지 않다.

맵 코 드	485 521 816*33 P.209 E-2 P.254 C-3
구 글 맵	26.653316, 128.091530
전화번호	098-044-2025
운 영	11:00~16:00, 수·목 휴무
예 산	소고기 소바 930엔, 삼미소바 850엔
위 치	츄라우미 수족관에서 차로 40분

시콰사 파크 シークヮーサーパーク
오키나와 특산물 시콰사의 모든 것

시콰사 シークヮーサー 는 오키나와에서 자라는 4cm
정도 크기의 녹색 감귤류로 상큼한 맛을 자랑하며 늦게 출하
될수록 단맛이 강해진다. 귀여운 캐릭터 조형물이 설치된 시콰사 파크 안으로 들어가면 시콰
사 주스 공장견학은 물론 시콰사로 만든 다양한 제품을 구매할 수 있는데, 시콰사 원액은 물
론 시콰사폰즈, 오키나와 섬 고추와 시콰사로 만든 핫소스인 시마스코, 시콰사 잼, 시콰사 아
이스크림 등을 판매하고 있다. 또한 시설 내에는 오키나와 돼지로 만든 소시지 피자를 비롯해
시콰사를 먹인 돼지불고기 정식, 유기농 섬야채 샐러드 등 맛있는 식사를 즐길 수 있는 레스
토랑도 들어서 있다. 시설 내 한국인 직원도 있다. 한글 메뉴 있음.

맵 코 드	485 520 325*55	P.209 E-2 P.254 C-3
구 글 맵	26.648365, 128.088411	
전화번호	098-050-5850	
운　　영	10:00~17:30, 토·일·공 10:00~18:00, 연중무휴	
예　　산	식사류 1000엔~, 음료류 400엔~	
위　　치	츄라우미 수족관에서 차로 30분	

여행준비

일본여행준비 & 실전

초간단 여행준비

바쁜 일상을 살아가는 현대인들에게 여행은 설렘 그 자체! 하지만 막상 여행을 준비하려고 하면 무엇부터 해야 할지 막막하기만 한 당신을 위해 마련했다. 하루 연차 내고 황금같은 여행을 떠나려는 이들을 위한 초간단 여행 준비 팁을 소개한다. 아래의 순서를 따라 즐겁게 여행 준비를 시작해 보자.

1.여행계획 세우기

여행지는 어디로 떠날지, 무엇을 하러 떠날지, 여행은 자유여행으로 할지, 항공편과 숙소가 포함된 에어텔로 할지 등 원하는 휴가 계획과 일정, 예산 등을 고려해 여행에 대한 대략적인 계획을 세워보자.

2.여권준비

해외여행을 떠나기 전 꼭 필요한 준비물은 여권! 여권이 있더라도 유효기간이 6개월 이상 남아 있어야 하고 유효기간이 6개월 미만이라면 여권 유효기간 연장을 신청해야 한다. 여권발급에 소요되는 기간은 대략 3~10일 정도 소요되니 여유를 두고 만들어 놓자.

3.항공권 예약하기

연차일정이 정해졌다면 이제 항공권을 구입할 차례! 목적지별로 항공권을 검색한 후 본인의 예산과 일정에 적합한 항공권을 예약한다. 항공권은 저가 항공사일수록, 비수기일수록, 일찍 예약할수록 저렴하다.

4. 숙소예약하기

가려는 여행지와 여행의 목적에 맞춰 비즈니스 호텔, 료칸, 리조트 등 본인에게 알맞은 숙소를 예약하자. 무조건 가격 위주로만 보지 말고 호텔의 시설과 서비스, 객실의 크기, 주변 관광지와의 접근성, 교통 편의성 등을 고려해 선택하는 것이 좋다.

인천국제공항 환전소

인천국제공항 로밍센터와 여행자보험 가입센터

5.여행정보 수집하기

가이드북, 일본정부관광국 JNTO 홈페이지, 네일동 카페, 유명 블로그 등을 참고해 가고 싶은 명소, 대표 맛집, 명물 음식, 꼭 사 와야 할 쇼핑 리스트 등 세부 일정을 계획한다.

6. 교통패스 구입하기

일본의 어마어마한 교통비를 한 푼이라도 줄이려면 여행하는 지역을 효율적으로 둘러볼 수 있는 유용한 교통패스를 미리 구입해 두는 것이 좋다. 여행박사, 인터파크 투어, 내일투어 등 국내여행사에서 구입할 수 있다.

7.환전하기

여행에 필요한 대략적인 예산을 정한 뒤 엔화로 환전한다. 일본은 신용카드를 받지 않는 곳이 종종 있기 때문에 현금 사용 위주로 예산을 정하는 것이 좋다.

8.여행자보험 가입하기

여행자보험 가입은 필수는 아니지만 여행지에서의 분실, 도난 및 소매치기 등에 대비하거나 유아동반 가족여행이라면 가입하는 것이 좋다. 각 보험 회사별로 다양한 보험상품과 혜택을 제공하고 있으니 꼼꼼히 살펴보고 가입하자. 일부 은행에서는 환율우대 혜택 대신 여행자 보험에 가입할 수도 있으니 무료로 여행자 보험을 가입하고자 한다면 은행에서의 환전 혜택을 누려보자.

9.D- Day 출발

설레는 마음으로 드디어 출발! 항공권, 여권, 준비물 등을 다시 한번 체크한 뒤 공항으로 출발하자. 체크인을 해야 하니 비행기 출발 최소 2~3시간 전에 공항에 도착하는 것이 좋다.

간단한 짐 꾸리기

이제 여행 설렘을 갖고 짐을 꾸릴 차례! 짧은 기간의 여행에는 많은 준비물이 필요하지 않지만 여행지의 성격에 따라 꼭 챙겨야 할 준비물이 달라지니 떠날 여행지의 계절과 여행 기간 등을 고려해 준비물 리스트를 작성한 후 하나하나 체크하면서 짐을 꾸리자. 자주 사용하는 여권, 지갑, 휴대폰 등은 크로스백에 보관하는 것이 편리하다.

※여행 준비물 체크 리스트

필 요 서 류	여권, 일정표, 항공권 예약완료메일 (또는e-ticket), 숙소 바우처, 여권사본, 여권사진 2~3장
전 자 기 기	카메라, 카메라 충전기, 휴대폰 충전기, 110V 돼지코 2~3개, 셀카봉
여 행 경 비	환전한 엔화, 해외사용가능 신용카드
의 류	계절에 맞는 의류 2~3벌, 양말과 속옷 2~3세트, 가벼운 재킷 또는 카디건, 수영복(오키나와의 경우)
미 용 용 품	화장품, 클렌징폼, 바디로션, 선크림, 여성용품, 물티슈 등
비 상 약	소화제, 해열제, 진통제, 감기약, 지사제, 밴드 등
휴 대 용 품	작은 배낭이나 크로스 백, 모자, 선글라스, 우산(양산) 등
여 행 정 보	가이드북, 유용한 스마트폰 앱
기 타	필기도구, 여행노트, 목베개

스마트하게 숙소 예약하기

일본에는 비즈니스 호텔, 부티크 호텔, 캡슐 호텔, 호스텔, 료칸, 리조트 등 다양한 숙박시설이 있다. 숙소 예약은 크게 숙소 홈페이지에서 직접 예약하는 방법과 숙소 예약 대행 사이트를 통해 예약하는 방법으로 나눌 수 있다. 숙소에 따라 해당 홈페이지에서 직접 예약하는 것이 더 저렴한 경우가 있고 숙소 예약 대행 사이트를 통해 예약하는 것이 더 저렴한 경우가 있으니 여러 가지 옵션을 비교해 본 뒤 예약하는 것이 좋다.

스마트하게 숙소 예약하는 방법

1. 인터넷 검색과 리뷰 확인은 필수

숙소 예약 전 관심 있는 숙소에 대한 인터넷 검색은 필수. 트립 어드바이저, 네이동 카페, 블로거 리뷰 등을 통해 직접 숙박해 본 사람들의 생생한 후기를 참고하는 것이 좋다.

2. 세금 포함 여부와 옵션을 확인할 것

같은 호텔의 같은 객실이라도 예약 대행 사이트의 요금에 차이가 나는 이유는 바로 세금과 옵션 때문. 세금 포함 여부, 조식 포함 여부 등의 옵션을 포함한 최종 요금으로 비교해야 정확하다.

3. 취소 규정을 확인할 것

호텔 예약 사이트마다 취소 규정이 다르니 예약 전 취소 및 변경 규정을 꼼꼼히 체크한 뒤 예약하도록 하자.

4. 바우처 챙기기

숙소 예약을 마쳤다면 메일로 온 호텔 바우처를 출력해 두거나 숙소 예약 대행 사이트의 앱을 다운로드해 예약 정보나 바우처 등을 캡처해 두는 것이 좋다.

5. 숙소 위치 확인

숙소 예약이 끝났다면 구글맵 등의 앱을 이용해 숙소의 위치를 미리 확인해 두는 것이 좋다. 숙소 예약 대행 사이트의 앱에서 예약 정보를 조회하면 예약한 숙소의 정보와 구글맵 위치정보를 바로 확인할 수 있어 편리하다.

호텔 예약사이트

부 킹 닷 컴 www.booking.com
호 텔 패 스 www.hotelpass.com
호텔스닷컴 https://kr.hotels.com
호텔스컴바인 www.hotelscombined.co.kr

료칸 예약사이트

재팬료칸넷 www.japanryokan.net
자 란 넷 www.jalan.net/kr
재 패 니 칸 www.japanican.com/kr
호 텔 온 센 https://hotelonsen.com

스마트한 일본여행을 위한 유용한 앱 소개

우리나라는 국민 95%가 스마트폰을 사용할 정도로 스마트폰 사용이 보편화되어 있다. 스마트폰 없는 생활은 상상도 할 수 없을 정도로 해외여행 시에도 빠질 수 없는 필수품이 되어버린 스마트폰! 생생한 여행 정보는 물론 현지어를 모르는 여행객들을 위한 번역기까지, 스마트한 여행을 즐길 수 있도록 도와줄 유용한 애플리케이션(앱)을 소개한다.

트립 어드바이저 Trip Advisor

전세계 여행자들의 생생한 리뷰를 참고할 수 있는 여행정보사이트. 여행자들이 직접 순위를 매긴 명소, 맛집, 숙소 등의 랭킹순위를 확인할 수 있다. 또한 현재위치에서 가장 가까운 맛집과 명소 등도 소개해준다.

날씨 앱

전 세계 도시별 날씨정보를 제공하는 유용한 앱. 날짜별 일기예보, 최고기온과 최저기온, 습도, 체감온도, 가시거리, 자외선 지수, 바람과 기압, 강수량 등 상세한 기상정보를 제공하여 여행지에서의 일정과 옷차림 등에 참고하기에 좋다.

구글번역기 / 파파고

일본어를 모르는 여행자들을 위한 편리한 앱. 전 세계 다양한 언어를 번역할 수 있다. 음성검색은 물론 모르는 글자나 사진을 스캔하거나, 입력하거나 직접 손으로 써서 검색할 수도 있다.

구글 맵 Google Map

스마트한 여행을 위한 필수 앱. 구글 맵에 목적지를 입력하거나 책에 수록된 구글 맵 코드를 입력하면 현재위치에서 목적지로 가는 경로를 바로 탐색할 수 있다. 또한 구글 맵 어플을 통해 내가 가고 싶은 스폿들로만 구성된 나만의 지도를 만들 수 있다.

재팬 와이파이 Japan Connected Free Wi-Fi

무료 Wi-Fi 존을 알려주는 유용한 앱. 도쿄, 오사카, 후쿠오카 등 주요도시 공항이나 기차역, 편의점, 상점가 등에서 Wi-Fi 존을 찾을 수있다. 앱을 다운로드 한 뒤 앱을 실행하면 현 위치를 중심으로 가까운 무료 Wi-Fi 존이 표시된다.

부킹닷컴 Booking.com

전세계의 숙소를 예약할 수 있는 숙소예약 전문사이트. 예약방법이 간단하고 현재 위치를 기준으로 주변의 예약 가능한 숙소도 알려줘 편리하게 이용할 수 있다.

환율계산기

현지화폐를 우리나라 돈으로 환산해 주기 때문에 어렵게 계산할 필요가 없다. 환율정보는 매일매일 업데이트되어 비교적 정확하다

해외안전여행(외교부)

 외교부에서 만든 앱. 도난, 분실, 테러 등 여행 중 발생할 수 있는 위기상황에 대처하는 매뉴얼, 여행 위험국가, 각국 대사관, 영사과 긴급통화, 카드사/보험사 등 연락처, 기내반입 금지 품목 등 유용한 정보가 들어 있다.

국제공항 찾아가기

비행기는 버스 · 열차와 달리 탑승 수속을 밟아야 하므로 출발 2시간 전에는 공항에 도착하는 것이 좋다. 특히 여행자가 몰리는 성수기에는 많은 시간이 소요되므로 되도록 여유 있게 도착하도록 하자. 우리나라에서 일본으로 가는 비행기는 인천국제공항, 김포국제공항, 김해국제공항, 제주국제공항 등에서 출발한다.

1. 인천국제공항

인천국제공항은 리무진 버스, 공항철도 AREX 등을 이용해 빠르고 편안하게 갈 수 있다.

인천국제공항 www.airport.kr

리무진버스

서울 경기를 비롯한 전국의 주요도시에서 인천공항까지 직행으로 연결된다. 자세한 사항은 각 버스회사 홈페이지에서 확인할 수 있다.

공 항 리 무 진 www.airportlimousine.co.kr
서 울 버 스 www.seoulbus.co.kr
운 　 　 행 공항행 첫차 05:00 전후, 막차 21:00 전후 / 시내행 첫차 05:30 전후, 막차 23:00 전후
요 　 　 금 운행거리에 다름

공항철도 AREX

서울역에서 홍대입구, 김포공항 등을 거쳐 인천국제공항까지 연결되는 빠른 교통수단. 수도권 지하철을 이용한 후 환승하면 환승 할인혜택까지 있다.

홈 페 이 지 www.arex.or.kr
운 　 　 행 05:20~24:00 (15~30분 간격)
소 요 시 간 서울역에서 약 50분

인천국제공항

인천국제공항

서울역과 삼성역, KTX 광명역에 있는 도심공항터미널에서도 탑승수속을 할 수 있다. 대한항공·아시아나항공·제주항공 등을 이용해 출국할 경우 도심공항터미널에서 탑승수속·수하물 탁송·출국 심사 등을 미리 할 수 있어 편리하다. 특히 도심공항에서 수속을 마친 이용객은 외교관 및 승무원과 공동 사용하는 전용출국통로 (Designated Entrance) 를 이용하기 때문에 성수기에도 대기시간 없이 빠르고 편하게 출국할 수 있다. 도심공항터미널에서는 비행기 출발 3시간 전까지만 탑승수속이 가능하므로 늦지 않도록 하자.

※도심공항터미널에서 탁송한 수하물은 출발공항이 아닌 도착지 공항에서 수령한다.

–서울역 도심공항터미널

홈 페 이 지 www.arex.or.kr
이 용 방 법 서울역 지하 2층에 위치한 도심공항터미널 이용 후, 공항철도 AREX 를 이용해 인천·김포공항으로 이동
운　　　　행 서울역→공항 05:20~23:40, 공항→서울역 05:20~23:40 (30~40분 간격 운행)
소 요 시 간 인천국제공항까지 공항철도로 약 43분

–삼성역 도심공항터미널

홈 페 이 지 www.calt.co.kr
이 용 방 법 삼성역에 위치한 도심공항터미널 이용 후, 리무진버스를 이용해 인천·김포공항으로 이동
운　　　　행 삼성역(무역센터) → 인천공항 04:15~21:30, 삼성역(무역센터) → 김포공항 05:30~20:40 (10~15분 간격 운행)
소 요 시 간 인천국제공항까지 70~80분

–광명역 도심공항터미널

홈 페 이 지 www.letskorail.com
이 용 방 법 KTX광명역 역사 서편(남쪽) 지하 1층에서 탑승수속 및 출국심사 후 4번 출구에서 리무진버스를 타고 인천공항으로 이동
운　　　　행 광명역 → 인천공항 05:20~20:00, 인천공항 → 광명역 06:00~22:00 (20~30분 간격 운행)
소 요 시 간 인천국제공항까지 약 70~80분

2. 김포국제공항

김포국제공항은 리무진 버스, 공항철도 AREX, 지하철, 버스 등을 이용해 편하게 갈 수 있다.

김포국제공항 www.airport.co.kr

리무진버스/버스

서울을 비롯한 경기를 비롯한 전국의 주요도시에서 리무진 버스와 일반 시내버스가 김포공항까지 연결된다. 자세한 사항은 각 버스회사 홈페이지에서 확인할 수 있다.

공항 리무진 www.airportlimousine.co.kr
운　　　　행 06:00 전후~ 22:00 전후

공항철도 AREX

서울역에서 홍대입구, 디지털미디어시티 등을 거쳐 김포국제공항까지 연결되는 빠른 교통수단. 수도권 지하철을 이용한 후 환승하면 환승 할인혜택까지 있다. 종착역은 인천국제공항이다.

홈 페 이 지 www.arex.or.kr
운　　　　행 05:20~23:40 (15~30분 간격)
소 요 시 간 서울역에서 약 22분

지하철

김포국제공항은 지하철 5호선 김포공항역과 연결된다.

홈 페 이 지 www.seoulmetro.co.kr
운　　　행 05:00~24:00

3. 김해국제공항

김해국제공항은 시내버스, 마을버스, 공항 리무진, 지하철 등을 이용해 갈 수 있다.

김해국제공항 www.airport.co.kr

버스

김해공항으로 가는 버스에는 좌석버스 1009번과 시내버스 307번, 마을버스 11, 13번을 이용하는 방법이 있다.

운　　　행 05:15~23:20

리무진버스

공항 리무진 버스는 서면/부산역으로 가는 1호선과 남천동/해운대 방면 2호선이 있다.

운　　　행 06:50~22:00

지하철

지하철을 이용해 김해공항으로 가려면 3호선 대저역이나 2호선 사상역에서 공항역(부산-김해 경전철)으로 환승하면 된다

홈 페 이 지 www.humetro.busan.kr
운　　　행 05:30~11:30

4. 제주국제공항

제주국제공항은 시내버스, 공항 리무진 등을 이용해 갈 수 있다.

제주국제공항 www.airport.co.kr

버스 : 다양한 노선의 시내 버스가 제주시내와 제주국제공항을 연결한다.

리무진버스 : 공항 리무진 버스 600번이 제주시내 주요호텔과 제주국제공항을 연결한다.

5. 대구국제공항

대구국제공항은 시내버스, 지하철 등을 이용해 갈 수 있다.

대구국제공항 www.airport.co.kr/daegu/main.do

버스 : 101, 401, 719, 급행1, 동구2 , 팔공1 번 시내버스가 대구시내와 대구국제공항을 연결한다.

지하철 : 지하철 1호선 아양교역에서 버스(급행1, 팔공1)로 15분 소요

수하물 관리 규정

비행기에 갖고 탈수 있는 품목인지 있는지 아니면 위탁수하물로 부쳐야 하는 품목인지 헷갈린다면 교통안전공단 홈페이지에서 미리 확인하고 여행 짐을 싸도록 하자. 품목별로 자세히 검색할 수 있다.

휴대 수하물 : 승객이 직접 휴대하고 기내에 들고 타는 짐
위탁 수하물 : 승객이 수속단계에서 항공사에 운송을 위탁하고 부치는 짐

항공기내 반입금지물품 조회 www.avsec365.or.kr

기내 O
– 화장품 (개별 용기당 100ml 이하로 1인당 총 1L 용량의 비닐 지퍼백 1개)
– 1개 이하의 라이터 및 성냥 (단, 출발지 국가나 노선마다 규정이 상이하다.)
– 항공사의 승인을 받은 의료 용품 및 의약품
– 시계, 계산기, 카메라, 캠코더, MP3, 휴대폰 보조배터리, 휴대용 건전지, 전자담배 등

기내반입 X
–페인트, 라이터용 연료 등 발화성/인화성 물질
–산소캔, 부탄가스 캔 등 고압가스 용기
–총기, 폭죽 등 무기 및 폭발물류
–칼, 가위 등 뾰족하거나 날카로운 물품이나 긴 봉
–무기로 사용될 수 있는 골프채, 아령 등 스포츠용품
–리튬배터리 장착 전동휠 (전동휠, 전동 보드, 전동 킥보드 등)
–기타 탑승객 및 항공기에 위험을 줄 가능성이 있는 품목

기내 X 위탁 수하물 O
생활도구류 손톱깎이·가위·칼·족집게·와인따개·바늘류·병따개 등 날카로운 금속성 물질
액체류 젤류 100ml 가 넘는 액체류(물·술·음료수·스킨·로션·클렌저·향수 등),
젤류(샴푸·치약·헤어젤·염색약·립글로즈·선크림 등)
인화물질 라이터·살충제·헤어스프레이 등
식품류 고추장·된장·잼·간장 등
창·도검류 면도칼, 작살, 표창, 다트, 과도, 커터칼, 접이식칼 등
총기류 총알, 전자충격기, 장난감 총, 모든총기 및 총기 부품 등
스포츠용품류 당구큐, 빙상용스케이트, 야구배트, 하키스틱, 골프채 등
무술호신용품 경찰봉, 수갑, 쌍절곤, 격투무기 등
공구류 스패너·펜치류, 가축몰이 봉, 도끼, 망치, 톱, 송곳 등

위탁수하물 X

–노트북, 카메라, 캠코더, 핸드폰, MP3 등 전자제품

–여분의 충전용 또는 휴대폰 리튬 배터리

–파손 또는 손상되기 쉬운 물품

–화폐, 보석, 주요한 견본 등 귀중품

–고가품 (1인당 USD2,500을 초과하는 물품)

기내 X 위탁 수하물 X

폭발물류 수류탄, 다이너마이트, 지뢰, 뇌관, 신관, 도화선, 화약류, 연막탄, 폭죽 등

방사성·전염성·독성 물질 염소, 수은, 하수구 청소재제, 독극물, 표백제, 산화제 등

인화성 물질 인화성가스, 휘발유·페인트 등 성냥, 라이터, 부탄가스 등

기타 위험물질 소화기, 드라이아이스, 최루가스 등

※국내선과 국제선, 국제선 각 노선마다 수하물 규정에 차이가 있으니 여행을 떠나기 전 각 항공사 홈페이지를 꼭 참고하도록 하자.

해외에서 스마트폰 제대로 활용하기

스마트폰 사용이 보편화되면서 해외 로밍을 이용하는 여행객들이 많아지고 있다. 다만 해외에서 이용할 경우 국내에서 이용하는 요금제와 상관없이 훨씬 비싼 별도의 로밍 요금이 부과되니 출국 전 반드시 해당 국가의 로밍 요금제 등을 확인하고, 데이터 이용을 원치 않을 경우 차단 신청하거나 데이터로밍 정액요금제에 가입하는 것이 좋다. 스마트폰에 설치된 앱 자동업데이트나 푸시 알람, 이메일 등이 자동 업데이트(동기화)로 설정되어 있는 경우, 해외에서 전원을 켜는 순간 자동으로 인터넷에 접속되면서 순식간에 많은 요금이 발생하기 때문이다.

요금폭탄 피하는 방법

요금폭탄을 피하려면 출국 전 데이터 요금을 차단하거나 데이터를 무제한으로 이용할 수 있는 요금제를 선택하거나 정액요금을 설정하는 것이 좋다. 미리 신청하지 못했다면 공항에 위치한 각 통신사 로밍센터를 방문해 방문국가의 로밍비용과 사용방법 등을 자세히 알아보자.

로밍센터 위치

인천공항 : 1층·3층·면세구역, 김포공항 : 1층

통신사별 홈페이지

SK   www.sktroaming.com

olleh   https://globalroaming.kt.com/main.asp

LG U+   www.lguplus.com/plan/roaming

최근에는 한 개로 최대 10명까지 동시에 사용할 수 있는 휴대용 와이파이 기기인 포켓 와이파이가 많이 이용된다. 특히 해외에서도 데이터 로밍 비용 부담 없이 실시간으로 모바일 검색을 필요로 하는 여행객들에게 인기가 많다. 여행 출발 전 포켓 와이파이 기기 대여 서비스를 제공하는 여러 업체 중 조건에 맞는 업체를 선택한 후 집에서 택배로 포켓 와이파이 기기를 미리 수령하거나 공항에서 픽업 하면 된다. 일반 통신사에서 제공하는 데이터 무제한 요금보다 조금 더 저렴하게 이용할 수 있다.

여행 중 비상상황 발생 시 대처 방법

일본은 치안이 안전한 나라이지만, 여행을 하다 보면 뜻하지 않게 분실사고나 불미스러운 사고가 생기기 마련이다. 비상상황 발생 시 대처 방법에 대해서 미리 숙지해 두고, 사고가 발생하면 당황하지 말고 침착하게 대처하도록 하자.

외교부해외안전여행 www.0404.go.kr

분실·도난 사고 발생 시

여행에서 가장 많이 발생하는 것이 바로 분실과 도난사고다. 요즘에는 휴대폰, 카메라 등 고가의 휴대품을 많이 소지하므로 사고에 노출될 확률도 높아졌다. 일본의 경우 소지품을 분실한 경우 그 장소에 다시 가보면 소지품이 그대로 놓여있는 경우가 대부분이지만, 만약 도난이 의심된다면 경찰서에서 도난 증명서 Police Report 를 발급받아 여행자 보험에 가입한 보험사에 청구하면 보상한도액 내에서 보상을 받을 수 있다. 단, 본인의 부주의로 인한 분실의 경우는 보험 항목에 따라 혜택을 전혀 받을 수 없는 경우도 있으니 여행자 보험 가입 시 꼼꼼히 살펴보는 것이 좋다.

여권 분실 시

여권 분실 시에는 가까운 경찰서에서 도난 증명서 Police Report 를 받은 뒤 현지 대사관 또는 총영사관에서 여권 분실신고 접수를 하고 귀국용 여행 증명서를 발급받아야 한다. 이때 여행 전 미리 준비해 둔 여권 사본을 가져가거나 여권번호, 발행 날짜 등 메모를 가져가면 재발급에 많은 도움이 된다. 각 지역별 총영사관 안내는 외교부 홈페이지나 외교부에서 만든 해외안전여행 앱에 자세히 나와있다.

몸이 아플 때

여행을 하다 보면 무리한 일정이나 바뀐 환경에 따라 갑자기 컨디션이 나빠지거나 몸이 아플 때가 있다. 이럴 경우에는 무리한 일정은 잠시 접어두고 휴식을 취하는 것이 좋고, 출발 전 미리 감기약, 지사제, 소화제, 해열제 등 간단한 비상약을 준비해 가는 것이 좋다. 준비해 간 비상약이 없다면 근처 약국에서 처방전 없이 구입 가능한 감기약이나 연고 등을 구입하도록 하자. 여행자 보험에 가입해 두었다면 의사의 진단서와 진료비 영수증을 꼭 챙겨두었다가 귀국 후 보상을 받도록 하자. 만약 혼자서 처리하기 힘든 상황이라면 외교부 앱에 안내된 영사관이나 호텔의 프런트데스크나 숙소 주인, 현지 유학생 등의 도움을 받는 것도 좋은 방법이다.

Easy
Japanese

여행자를 위한 초간단 일본어 회화

간단한 일본어 회화

일본은 우리나라와 같은 한자 문화권이지만 히라가나와 ひらがな 가타카나 かたかな 를 함께 쓰기 때문에 더 어렵게 느껴진다. 하지만 일본어를 모르더라도 한자어를 보고 대략의 뜻을 파악할 수 있으니 너무 걱정하지는 말자. 도쿄, 오사카 등 유명관광도시는 한글로 표기된 곳이 많아 여행에 큰 어려움은 없지만 시코쿠를 포함한 지방 소도시를 여행할 때에는 관광객들이 많이 찾는 대도시에 비해 표지판, 메뉴판 등이 일본어로만 되어 있고 영어로 의사소통이 잘 되지 않아 조금은 불편할 수도 있다. 현지인들과 소통이 어려울 때에는 가이드북에 적힌 일본어 표기를 직접 보여주거나 번역기 앱을 활용하거나 초간단 일본어 회화를 적극 활용해보자.

기본 회화

안녕하세요	こんにちは	곤니찌와
처음 뵙겠습니다.	初めまして	하지메마시떼
감사합니다.	ありがとうございます	아리가또-고자이마스
실례합니다.	すみません	스미마셍
죄송합니다.	ごめんなさい	고멘나사이
괜찮습니다.	だいじょうぶです	다이죠-부데스
안녕히 계세요/안녕히 가세요	さようなら	사요-나라
예	はい	하이
아니오	いいえ	이이에

호텔에서

체크인 부탁합니다.	チェックインお願いします	체쿠인 오네가이시마스
체크아웃 부탁합니다.	チェックアウトお願いします	체쿠아우토 오네가이시마스
예약했습니다.	予約しました	요야꾸 시마시따
체크인은 몇 시입니까?	チェックインは何時ですか	체쿠인와 난지데스까
체크아웃은 몇 시까지 입니까?	チェックアウトは何時までですか	체쿠아우토와 난지마데데스까
짐을 맡길 수 있습니까?	にもつをあずかってもらえますか	니모쯔오 아즈캇테 모라에마스카
됩니다.	いいです	이이데스
안됩니다.	だめです	다메데스

쇼핑할 때

이것	これ	고레
저것	あれ	아레
얼마입니까?	くらですか	이쿠라데스까?
비싸네요.	高いですね	다카이데스네
이것은 어디에 있습니까?	これはどこですか	고레와 도코데스까
이것으로 주세요.	これを ください	고레오 쿠다사이
포장해 주세요.	ほうそうしてください	호-소-시떼 쿠다사이

식당에서

어서 오십시오.	いらっしゃいませ	이랏샤이미세
몇 분 이십니까?	何名様ですか	난메이사마데스까?
1명 입니다.	一人です	히토리데스
2명 입니다.	二人です	후타리데스
3명 입니다.	三人です	산닝데스
여기요~	すみません	스미마셍
메뉴 주세요.	メニュ おねがいします	메뉴 오네가이시마스
한국어 메뉴 있습니까?	韓国語のメニューはありますか	강코쿠고노 메뉴와 아리마스까?
추천메뉴는 무엇입니까?	おすすめは何ですか	오스스메와 난데스까?
물 좀 주세요	お水ください	오미즈 쿠다사이
생맥주 한 잔 주세요	生ビール1杯ください	나마비루 입빠이 쿠다사이
네, 여기 있습니다.	はい, どうぞ	하이, 도-죠
잘 먹겠습니다.	いただきます	이타다키마스

잘 먹었습니다.	ごちそうさまでした	고치소-사마데시타
맛있습니다.	おいしいです	오이시-데스
화장실은 어디입니까?	トイレはどこですか	토이레와 도코데스까?
계산해 주세요.	お会計をお願いします	오카이케이오 오네가이시마스

음식 이름

초밥	寿司 (すし)	스시
라멘	ラーメン	라멘
메밀국수	蕎麦(そば)	소바
우동	饂飩(うどん)	우동
소고기 덮밥	牛丼(ぎゅうどん)	규동

기타

| 가까운 전철/ 기차역은 어디입니까? | 近くの駅は どこですか | 치카쿠노 에키와 도코데스까? |
| 이곳에서 사진 찍어도 됩니까? | ここで写真 とってもいいですか | 고코데 샤싱 톳테모 이이데스까? |

숫자 회화

1	いち	이치
2	に	니
3	さん	산
4	し / よん	시, 욘
5	ご	고
6	ろく	로쿠
7	しち / なな	시치 / 나나
8	はち	하치
9	く / きゅう	쿠 / 큐
10	じゅう	쥬
100	ひゃく	햐쿠
1000	せん	센
10000	いちまん	이치망
한 개	ひとつ	히토츠
두 개	ふたつ	후타츠
세 개	みっつ	미츠

INDEX

INDEX

오키나와 맵코드 목록

나 하

국제거리 (고쿠사이도리)	国際通り	33 157 312*55
긴조우초 돌다다미길	金城町石畳道	33 161 423*03
나하메인플레이스	Naha Main Place 那覇メインプレイス	33 188 529*20
다마우둔 (옥릉)	玉陵	33 161 630*85
마키시 공설시장	第一牧志公設市場	33 157 264*77
사카에마치 시장	栄町市場	33 158 535*27
슈리성 공원	首里城公園	33 161 497*20
슈리소바	首里 そば	33 161 569*84
시키나엔	識名園	33 101 872*86
오카시고텐	御菓子御殿 国際通り松尾店	33 157 150*88
오키나와 아웃렛몰 아시비나	沖縄アウトレットモールあしびなー	232 544 544*57
오키나와 현립 박물관·미술관	沖縄県立博物館・美術館	33 188 704*40
텐토텐	てんtoてん 沖縄そば	33 130 073*53
토마린 이유마치 수산시장	とまりん 泊いゆまち	33 216 115*47
티 갤러리아 면세점	T Galleria By DFS, Okinawa	33 188 267*80

남 부

간가라 계곡	ガンガラーの谷	232 494 476*25
류큐 유리촌(류큐 가라스무라)	琉球ガラス村	232 336 224*63
미바루 비치	新原ビーチ	232 469 538*17
세나가 섬	瀬長島	33 002 519*41
세화우타키(주차장)	斎場御嶽	232 594 735*88
아자마산산 비치	あざまサンサンビーチ	33 024 831*77
오우섬 · 나카모토 센교텐	奥武島 · 中本鮮魚店	232 467 296*06
오키나와 월드	おきなわワールド	232 495 332*71
차도코로 마카베치나	茶処真壁ちなー	232 368 155*44
치넨곶공원(치넨미사키 공원)	知念岬公園	232 594 503*30
카페 쿠루쿠마	カフェくるくま	232 562 891*82
평화기념공원	平和祈念公園	232 342 099*25
하마베노차야(해변의 찻집)	浜辺の茶屋	232 469 491*06

중 부

가츠렌 성터	勝連城跡	499 570 171*85
나카구스쿠 성터	中城城跡	33 411 799*17
레드 랍스터 Red Lobster	レッドロブスター 沖縄北谷店	33 525 298*06
류큐무라	琉球村	206 033 067*77
메가 돈키호테 기노완점	ドン・キホーテ 宜野湾店	33 434 024*36
무라사키무라	むら咲むら	33 851 376*58

요미탄 도자기 마을	読谷やちむんの里	33 855 115*06
이케이 비치	伊計ビーチ	499 794 066*22
자키미 성터	座喜味城跡	33 854 486*41
잔파곶(잔파미사키)	残波岬	1005 685 380*00
하나우이소바	花織そば	33 822 217*88
해중도로	海中道路	499 576 274*41
비오스의 언덕(비오스노오카)	ビオスの丘 Bios Hill	206 005 262*11
아메리칸 빌리지 American Village	アメリカンビレッジ	33 526 483*14

북부

21세기 숲 공원 & 비치	21世紀の森公園 &ビーチ	206 626 407*41
가진호우	花人逢	206 888 669*22
고우리 대교&고우리 섬	古宇利大橋 &古宇利島	485 632 788*60
고우리 비치	古宇利ビーチ	485 692 187*47
고우리 오션타워	古宇利オーシャンタワー	485 693 483*03
기시모토 식당 본점	きしもと食堂	206 857 711*76
기시모토 식당 야에다케점	きしもと食堂 八重岳店	206 859 346*30
나고 파인애플 파크 NAGO PINEAPPLE PARK	ナゴパイナップルパーク	206 716 467*85
나카무라 소바	なかむらそば	206 314 302*63
나키진 성터	今帰仁城跡	553 081 414*17
네오파크 오키나와 (나고자연동식물원)	ネオパークオキナワ NEOPARK OKINAWA	206 689 725*11
대석림산 (다이세키린잔)	大石林山	728 675 895*60
류큐노우시 온나손점	琉球の牛 恩納店	206 096 716
마에다식당	前田食堂	485 521 816*33
만자모	万座毛	206 312 008*41
무라노차야	むらの茶屋	485 692 554*25
미야자토 소바	宮里そば	206 626 741*63
미치노에키 교다	道の駅許田	206 476 739*66
부세나 해중공원	ブセナ海中公園	206 442 075
비세마을 후쿠기 가로수길	備瀬のフクギ並木通り	553 105 655*17
세소코 섬 & 세소코 비치	瀬底島 & 瀬底ビーチ	206 822 265*25
시쿼사 파크	シークヮーサーパーク	485 520 325*55
아라가키 젠자이야	新垣ぜんざい屋	206 857 741*71
야치문킷사 시사엔	やちむん喫茶シーサー園	206 803 695*28
얀바루소바	山原そば	206 834 514*44
오리온 해피파크	オリオンハッピーパーク	206 598 867*44
오키나와 후르츠 랜드	フルーツらんど OKINAWA FRUITS LAND	206 716 585*30
우후야	大家□うふやー	206 745 056*82
츄라우미 수족관 (해양박공원)	沖縄美ら海水族館 海洋博公園	553 075 767*66
카페고쿠	カフェ こくう	553 053 127*41
토토라베베 햄버거	ととらべべ ハンバーガー	206 766 082*28
하트 락	ハートロック Heart Rock	485 751 209*71
해도곶 (해도미사키)	辺戸岬	728 736 209*44
히가시 식당	ひがし食堂	206 628 176*25

목적지에 닿아야 행복해지는 것이 아니라
여행하는 과정에서 행복을 느낀다
-앤드류 매튜

도서출판 착한책방

여행을 사랑하는 사람들이 모여
행복한 여행을 위한 책을 만드는 출판사입니다.
여행 가이드북 〈내일은 시리즈〉, 어린이 유럽컬러링북 〈안녕〉 시리즈,
여행회화 〈그뤠잇 여행영어〉, 여행 에세이 등을 출간하였습니다.
앞으로도 낯선 곳을 여행하는 여행자들을 위해
알찬 정보들을 담아 찾아뵙겠습니다.